Who
stoled your happiness?

谁偷走了
你的快乐?

徐国芳 著

中国出版集团
现代出版社

图书在版编目（ＣＩＰ）数据

谁偷走了你的快乐 / 徐国芳著 . -- 北京 : 现代出版社， 2013.1

ISBN 978-7-5143-0815-0

Ⅰ . ①谁… Ⅱ . ①徐… Ⅲ . ①成功心理－通俗读物 Ⅳ . ① B848.4-49

中国版本图书馆 CIP 数据核字 (2012) 第 288769 号

谁偷走了你的快乐

作　　者	徐国芳
责任编辑	杨学庆
出版发行	现代出版社
地　　址	北京市安定门外安华里 504 号
邮政编码	100011
电　　话	010-64267325　010-64245264（兼传真）
网　　址	www.xdcbs.com
电子信箱	xiandai@cnpitc.com.cn
承　　印	广州市怡升印刷有限公司
开　　本	170X250　1/16
印　　张	20.25
版　　次	2012 年 12 月第 1 版　2012 年 12 月第 1 次印刷
书　　号	ISBN 978-7-5143-0815-0
定　　价	45.00 元

前言
千万别做"精神穷二代"

第一章
态度乃人生引擎

目录

第二章
快乐有阶可攀

第三章

职场"黑匣子"

第四章

祛除自己的浮躁

千万别做"精神穷二代"

一

很多人知道释迦牟尼是佛教创始人，却不知道他原可以当皇帝的。他本乃古印度迦毗罗卫国（今尼泊尔境内）的太子，名叫乔达摩·悉达多，意为"一切义成就者"；其父为净饭王，母为摩耶夫人。

但他舍弃了继承皇位和一生的荣华富贵，而选择了出家、悟道。离家之前，他父亲曾和他聊天，说自己想不明白一个问题，那便是"苦恼"：没钱的人很苦恼，有钱人也说自己苦恼；单身或家庭破裂的人很苦恼，得到爱情和婚姻者亦喊叫苦恼。

释迦牟尼出走后，找高人指点而不得，就径自来到雪山上修苦行。他一天只吃一个果子，结果差点被饿晕。这显然不是办法，道没悟出来，人可能就挂了。

他只好下山，再想别的办法。

他来到恒河边，好不容易摆脱了父亲派来监视他的 5 个年轻人——他父亲认为修行就应该很苦。牧羊女给他送来奶酪吃，他觉得很美味。等到体力恢复，他渡过恒河来到一棵菩提树下，打坐、发愿。

根据史料记载，释迦牟尼在 6 天之内，"先得四禅八定，再得意生身，而后陆续一夜之间证得六神通"，第七天凌晨抬头看到明星时，他突然悟道了。12年的光景总算没有白费。

他悟到的是"缘起性空"，意思就是说世上没有独存性的东西，也没有恒久不变的东西，一切都由因与缘的合成而生。

这也给他老爸关于"苦恼"的疑问找到了答案，那就是：人需要有追求，但不可太自我，否则将与快乐无缘。

国学大师南怀瑾也曾提及，释迦牟尼追求的是"人生为什么这样，应该怎么样"，"后来他悟道了，晓得宰制人类的，是基本欲望，心念的问题。他悟到了这个，所以他一辈子也不回去做皇帝"。

二

用释迦牟尼的故事开启《谁偷走了你的快乐》这本书，我想表达的意思是，信仰与快乐，是人的两大追求，也是人存在于世间最大的价值。有信仰无快乐，信仰就是半吊子；有快乐无信仰，快乐就是傻高兴。

英国《太阳报》曾以"什么样的人最快乐"为题，举办了一次有奖征答活动，最终收到 8 万多封来信。其中被评为最佳的四个答案分别是：

1. 吹着口哨欣赏自己刚完成作品的艺术家；

2. 正在用沙子筑城堡的孩子；

3. 正在为婴儿洗澡的母亲；

4. 终于挽救了高危病人的医生。

第一个答案告诉我们，做自己喜欢做的事，付出就有收获；第二个答案告诉我们，保持一份童心、童真、童趣会很快乐，对未来要充满信心和憧憬，不存功利心；第三个答案告诉我们，母爱无私，家庭很重要，心中有爱就有一切；第四个答案告诉我们，要有职业精神，而救人一命，胜造七级浮屠。

成就感、童心、责任心和专业技能，这是快乐的四大源泉。为人处世是这么个道理，做官或经商亦如是，甚至管理一个国家，一样要记得，没有快乐，一切都将是无源之水。

三四年前，全球各国都还在忙着应付金融危机的时候，亚洲一个小国——不丹，却在干着听起来不可思议的事——创立一个由 4 根柱子、9 个区域及 72 个幸福指示器组成的"幸福模型"，以此作为评价政府措施好坏和官员政绩的系统。

4 根柱子是指：经济、文化、环境及良好的管理状态。9 个区域是指：心理幸福、生态、卫生、教育、文化、生活标准、时间使用、社区活力及良好的管理状态。所有这些都将用 72 个指示器进行衡量，比如，在心理幸福方面，指示器包括祈祷的频率、冥思、自私自利、忌妒、镇静、同情、大方、挫折及自杀念头。

这个系统中甚至还包括将一天的时间进行统计，比如一个人一天花多少时间陪家人、花多少时间工作等。

"一切皆因贪欲，人类无止境的贪欲，"不丹总理吉格梅·廷里这样解释经济危机发生的原因，"我们需要的是改变，我们应以全体国民的幸福与快乐为重。"

将人民的快乐和幸福，放置于比经济发展更重要的位置上。不丹的做法引起了全世界的关注，美国《纽约时报》还给予了大篇幅的报道。尽管不丹人的经济搞得不怎么样，但他们一样得到了尊重。

　　我自己对此也感触良多。我是一位企业工作者，但我首先是一个具有社会属性的普通人。我有喜怒哀乐，我时常在反思自己到底在追求什么，到底快不快乐。我也常对我公司的同仁们说，做任何一件事、一个决定时，都要仔细想一想，为什么这样做。

　　问自己需要的是什么，而不是问自己有什么技能、受过什么样的教育、有什么样的优势。强烈的内在成功诱因比外在条件更重要。就好比你有一辆汽车，如果没有远行的欲望，未来一定不如走路的人行得远。

　　如果不这样做，悟不出个所以然来，要么就是稀里糊涂，做得好一点或做得差一点都无所谓，像个机器；要么就是体会不到快乐，因为你没有把自己的行为、愿景，放置到一个更大的系统中去。人类社会能够走到今天，核心的东西就是人建立了一个完备的系统。所有的成功，本质都是依赖一个系统的成功；而所有的失败，都源于一个系统的崩塌。

三

　　一言以蔽之：人为什么而活着？为的是责任和利他。物竞天择，优胜劣汰。人能够改造自然，同时受制于自然规律。人与其他物种最大的不同，在于其社会属性。随着人类的进化，其意识发生质变，为别人而活才能使自己真正感受到活着的价值，才能感受到快乐。

　　你看那些为了人类科技的发展而贡献了自己一生的科学家们，每天废寝忘食，不停地做实验，失败、成功、又失败……在一次又一次的挫折中发现科学的真谛。你说他们是为了自己吗？我看未必。专业机构调查研究称，科学家是上述四种"最快乐的人"之外的第五种最快乐的人——不为自己，只是因为利他，而充满无穷的快乐。

　　遗憾的是，这个社会变得越来越浮躁。一方面，众生醉心于追名逐利；另一方面，很少有人觉得自己得到了应有的回报。于是你几乎时时处处都能听到抱怨声：官员抱怨民众不理解自己；企业家抱怨政策不公或经济环境越来越差；职场人士抱怨薪酬太低、老板太抠，而物价和房价上涨又太快……

抱怨是一个人的权利，但陷得越来越深就适得其反或南辕北辙了。有两块大小形状几无异样的石头从山顶被采下来后，一块被雕琢成一尊佛像，一块则被做了垫脚石。后者心里很不平衡，找智者"评理"。智者说，前一块石头可是遭受了千刀万剐才得今日！

释迦牟尼修行，何尝不想找一个大师指点自己，以求"捷径"，但他始终没有找到，最后靠的是自己顿悟。没有人不希望自己碰到"大师"。但所谓"授人以鱼，不如授人以渔"，要完成一个真正跨越，需要的是自我实现与升华。这个社会不仅仅是外在的竞争，更是精神层面的竞争。

看到有一些年轻人为自己出身不好而叹息，还看到不少姑娘一心希望自己嫁给"高富帅"，对这两种情形，我都感到惋惜。对前者而言，原本你所有的经历都是你成长、成熟的宝贵财富，但在你的哀怨声中，这一切被忽视甚至变成了"累赘"。那么，如果现在给你一百万、一千万、一个亿，你就一定会成功？你就一定快乐吗？我看可能性几乎为零。你可能会在拥有财富的那一瞬间有一种快感，但随之而来你会有更多的焦虑、欲求和抱怨。对于后者而言，就算你嫁给豪门，成为"富二代"夫人，但在我眼中，你仍然很穷，你就是个"精神穷二代"。

我曾经说过，中国有5000万的留守儿童，假以时日，他们一定是未来中国最坚硬的一股力量。他们受到的磨砺，使他们成长的加速度快于城市里的孩子。他们更懂事，更懂得什么叫爱——因为缺乏，所以珍惜。当然，在这个过程中，我们需要给他们更多的关注和关心。

对于职场人士来说，抱怨更是毒药，它只会让你的"假想的对手"把你甩得更远，只会让你所期望的老板对你的器重和提拔变为梦一场。做人应该洒脱一些，就算周围真的有许多人看你不顺眼，你应该做的是"唤醒心中的巨人"，用行动、向前跑的方式证明自己，把藐视你的人、嘲笑你的人、诽谤你的人、忌妒你的人远远甩在身后。

做企业也一样，让自己强大起来才是王道。这种强大并不是指规模之大、利润之多、"关系"之硬，而首先是企业文化的厚重。一个真正人性化的系统的建立，可以让员工、客户、供应商和经销商，甚至政府官员皆成为你的拥趸。

为什么人们总是不知足？因研究行为经济学而获得诺贝尔奖的丹尼尔·卡尼曼教授在一次演讲中开门见山地说，要正常理解快乐，首先要分清两个自我，一个是当下的自我，一个是记忆中的自我。到医院去看病，医生问"你觉得痛吗"与问"你最近觉得痛吗"，前者问的是正在发生的事，而后者需要你提取记忆。但人们一般记住的是令自己不爽的事，譬如你去看一场音乐会，如果最后一首曲子演奏得很糟糕，散场后当朋友让你评价这场演出时，你会首先提到糟糕的部分。"记忆自我是专制的，牵制着当下的自我。"卡尼曼教授这样说道。

快乐是一种宗教，更是一门学问。如何让"两个自我"同时都能感受到快乐，这是我们每一个人在社会上安身立命时所苦苦追求的。《谁偷走了你的快乐》一书的核心便是对这一命题进行系统性的回答。这不是一份心灵鸡汤，也不是一部成功学宝典，这是一本关于人生与人性终极问题的科普读物，希望朋友们都能从中获益。

第一章

态度乃人生引擎

1

我们其实都是为别人而活

人们常说，不要太在意别人对自己的看法。有句名言的态度很潇洒——走自己的路，让别人说去吧。但事实上，我们根本无法不在意别人对自己的看法。因为，其实我们是为别人而活着的。

有个人一生碌碌无为，穷困潦倒。一天夜里，他实在没有活下去的勇气了，就来到一处悬崖边，准备跳崖自尽。自尽前，他号啕大哭，细数自己的种种遭遇和挫折，说自己多么不幸。这时，崖边岩上一棵低矮的树，听到他的种种经历，也禁不住流下了眼泪。这个人看见树都在流泪，就问道："你也流泪了，难道你也像我这么不幸吗？"

树说："我想，我应该是这世界上最苦命的树了。你看我，生在这岩石的缝隙之间，食无土壤，渴无水源，终年营养不足；这里环境恶劣，使我的枝干得不到伸展，形状样貌多么丑陋；而且我的根基浅薄，大风刮起时我就摇摇欲坠，天寒地冻时又容易冻僵。看起来我是坚强无比，其实我是生不如死呀！"

这个人觉得自己与树同病相怜，就对树说："既然如此，为何还要苟活于世，不如随我一同赴死吧！"

树说："我死倒是极其容易，但这崖边便再无其他树了，所以不能死呀。你看到我头上这个鸟巢没有？这个巢是两只喜鹊所筑的，一直以来，它们在这里栖息生活，繁衍后代。我要是不在了，两只喜鹊可怎么办呀？"

此人听罢，忽然有所领悟，就从悬崖边退了回去。一个人活在世上，真正的价值体现在他对社会的贡献。一个人，无论自感多么渺小、多么平凡，在别人眼中，也许就像一棵高大的树。

马克思说过，"人的本质不是单个人所固有的抽象物，在其现实性上，它是一切社会关系的总和"。一个人从呱呱坠地开始，就已经与这个世界有着千丝万缕的关系，这些关系或显或隐，但随着一个人的成长，这张社会关系网就会越织越大。随着生活阅历的不断积累，有些人的关系网会变得更复杂，他们做一个决定可不是简简单单拍拍脑袋就行，常常是牵一发而动全身。

一个人活着的意义，在于他在社会关系中的价值。一个企业家，如何能获得成功，受人尊敬？就体现在他通过企业的发展、财富的积累为这个社会作出贡献。胡润说过，一个富人，一辈子再怎么大手大脚地花钱，一个亿就够用了。但我们看看中国的富豪中，身家过亿者并不少。2010 年，胡润研究院发布的"乐退报告"显示，当时国内身家超过 1.1 亿元的富豪就有 5.5 万人。2011 年的"胡润百富榜"显示，中国富豪的人数在继续快速地扩大，并且这些企业家的财富也在持续快速地增长。2011 年前 1000 位上榜富豪平均财富达到 59 亿元，全国拥有 10 亿元人民币及以上财产的富豪人数从 2010 年的 4000 人增至 2011 年的 7500 人。

这些肯定还是保守数字，中国最盛产"隐形富豪"了（这还不包括那些动辄贪污上千万甚至上亿的官员）。这些人拥有如此庞大体量的财富，真正的意义在于如何让这些财富最大限度地产生社会"让渡价值"。这种"让渡价值"主要体现在企业家如何处理好生产经营中的种种关系，如在企业内部，对员工好，为员工提供各种培训，让员工享受福利；在外部，对消费者、用户好，产品质量与服务体验最优，与产业链上供应商、经销商关系融洽，促进行业发展与创新，照章纳税，及时行善，等等。

一个人在社会关系中的价值，不仅仅体现在事业关系的处理上，还体现在对家庭关系的经营上。一个优秀的企业家，不仅要能把企业做好，还要能把家庭关系也处理好。比尔·盖茨夫妇做慈善已经闻名世界，2011年，比尔·盖茨来中国访问，接受杨澜采访时，被问到"一生中最聪明的决定是创建了微软，还是成为了一名出色的慈善家？"时，比尔·盖茨的答案是："两者都不是，找到了合适的人结婚才是！"

比尔·盖茨的妻子梅琳达在与盖茨成婚后，便全身心投入"比尔和梅琳达·盖茨基金会"的工作，从成立最初到基金会的不断发展，梅琳达承担了许多重要的工作。盖茨退出微软之后，夫妻俩便将更多精力投入到慈善工作中，据说他们即使是在沙滩漫步时也常常讨论捐款项目。对此，盖茨也承认："对，我们在沙滩散步时会颇有兴致地讨论化肥问题，我们就是这样的一对儿。"

盖茨夫妻俩的默契合作被股神巴菲特称为"绝佳解决方案"。巴菲特说："比尔是个笨拙的家伙，他看起来不太协调，但和梅琳达在一起就不那么不协调了。"他认为，因为梅琳达的帮助，盖茨成为一个更好的决策者。"显然，他聪明得不得了，但谈到顾全大局，她更犀利。"盖茨也毫不掩饰地称赞妻子，认为遇上梅琳达是自己一辈子最幸运的事。

一个人的社会关系，左一根线，右一根线，编织起来就是一张纵横交错的网。人常常都是为别人而活的，而人要活出自己的价值，就要懂得处理好自己的社会关系，在其中发挥自己的作用，这样你的人生就会呈现出"多赢"的局面。

2

财富是人生的终极追求吗

据统计，2010 年 1 月到 2011 年 7 月，一年半的时间里，国内有 19 位企业高管离世，其中有 12 位是因为疾病离世，而夺取他们生命的主要是癌症和心脏病，他们的平均年龄是 50 岁。

看了这十几位辞世者的相关报道，他们大都精力充沛，整天埋头工作，长期的积劳成疾，导致某一天某一刻突发险情，抢救无效而死亡。譬如上市公司兴民钢圈董事长王嘉民，他生前是一个非常敬业的企业家，几乎没有什么业余爱好，除了工作还是工作，平时身体良好的他没有想到自己的生命会突然之间结束。

"过劳死"目前已经成为中国一个越来越严重的社会问题，从普通白领到企业高管，过劳死的案例越来越多。对前一个群体来说，社会竞争激烈，工作和生活压力大，很多人往往没日没夜地加班，有的时候是被老板所逼，有的时候则是主动要求；对后一个群体来说，有的是因为经济和商业环境变差、企业利润变薄甚至亏损的压力使然，有的则觉得理所应当做一个"拼命三郎"，闲不下来，不会放松。这两种情形殊途同归，那就是身体被严重透支。

《中国企业家》杂志在几年前曾针对中国企业家阶层做过一项名为"工作、健康及快乐"的调查，结果显示：高达 90.6% 的企业家处于不同程度的"过劳"状态，平均一周要工作 6 天，每天的工作时间将近 11 个小时，而睡眠时间仅为 6.5 个小时，有的甚至更少。这些企业高管中，大部分都是千万富翁甚至身家过亿，但是积累财富的同时，健康却在一点点地流失。

　　因追求名利而牺牲健康，显然不值得大家羡慕和效仿。即使要把物质财富的丰盈作为目标，也至少应该常常温习一个成语，那便是——劳逸结合。

　　家财万贯，一日不过三餐；广厦千间，睡的不过一张床。人生的终极追求其实不是物质财富，金钱只是衡量成就感的尺度之一而已。

　　对待工作，对待企业，我们绝不应该将眼光简单地放在可以为我带来多少金钱利益上，"为财而工"会很累，而且也很难成功；我们应该转变一下思想，做好一份工作，首先给我们带来的是沉甸甸的成就感，是经验的积累，是阅历的丰富。我们去思考、去执行，通过努力而成功，这一刻，我们收获的才是真正的快乐，财富也会随之而来。

　　有的时候我觉得，科学家是世界上最快乐的群体之一。他们孜孜不倦，沉浸于自己的研究和实验当中，他们可能在物质上并不怎么富有，但他们的发明创造，使得科技进步，加速整个人类的现代化进程。他们永远乐此不疲。

　　心态决定一切。"为工而财"往往能带来更好的结果，而且，体验过这个过程，我们不会觉得辛苦，反而很满足，很快乐。金山软件的前董事长求伯君曾说："如果从开始就想着怎样赚钱，我也不会有今天。事业和金钱无关。当你全身心投入开发的时候，不给你钱你也要干。"求伯君 2011 年从金山软件退休，他坦言自己的精神压力比较大，早就想放松一下，"自己快 50 岁，20 岁开始闹革命，现在差不多 30 年，想做一个退休的快乐的人。"

　　在拼命工作导致"过劳死"的现象面前，也有一些企业家选择的是另一条道路——提前退休。除了上面提到的求伯君，众所周知万科集团创始人王石自从1999 年辞去总经理职务之后就开始做很多商业之外的事情：去登山，征服世界七大峰，两次登上珠穆朗玛峰；做公益，到美国游学，60 岁的他重新学习一门新的语言，与年轻的学生一起上课。王石说自己在哈佛学习期间克服了很多困难，对人生进行了思考，他在《徘徊的灵魂》一书中写道："近几年，不断观察自己，观察企业，观察社会，我都有一种强烈的感觉：我们的脚步越来越快，社会越来越富裕，产业越来越庞大。我们一路狂奔，似乎停不下来。在狂奔过后的路上，是饱受创伤的自然，迷茫躁动的社会，还有我们自己徘徊的灵魂，都已经跟不上脚步。"

我很赞同他的观点，在现代社会，很多人疯狂地追名逐利，对物质的欲望就像个无底洞，他们不知道自己的悲哀是，这一路的狂奔中忽略了身边太多美好的事物，牺牲了亲情和家庭，甚至牺牲了健康，提前倒下。还记得小沈阳在春晚小品上的那句台词吧："人生最痛苦的事情是人死了，钱还没花完。"

人生应当有所追求，追求快乐和心灵的成长会使自己胸怀宽广，并且变得非常从容。根据马斯洛需求理论，人的最高层级的需求是自我实现，如果一个人把物质财富当做人生的终极目标，他会过得非常累，且随着物质的过度积累而精神上越来越空虚。

1997年，日本京瓷公司创始人稻盛和夫突然宣布要退出企业，要出家去修佛，做一个僧人四处化缘。他曾经讲过一个故事：有一次，他走了一整天，身上背着化缘来的日用品杂物，穿着草鞋的脚已经被磨破了。就在他筋疲力尽的时候，一位清洁工大妈走过来，递给他100日元的硬币，说："师傅，这是给你的，你累了一天了，回庙的路上买个面包吃吧！"

日本的寺庙伙食非常清苦，一天只吃两顿饭，每人只有两三根咸菜。虽然稻盛和夫拥有金钱无数，但当他双手捧着这小小的硬币时，依旧老泪纵横。稻盛和夫说，他一生都没有体会过这样一种幸福。

稻盛和夫现在是世界知名的经营大师。他出版的一本畅销书名为《活法》，他在书中与企业家和普通人分享了自己这么多年来的人生和创业心得。人为什么而活？他的答案是 "为提升心性，锻炼灵魂，为离开世界的时候带走一个更加纯净的灵魂"。而要净化灵魂，就必须 "今天比昨天好，每天实实在在努力。把现世作为这种提升的机会"。

他同样批评了 "机械工作观"，认为不要把工作当成那种不想做但又不得

家财万贯，一日不过三餐，
广厦千间，睡的不过一张床。

人生的终极追求其实不是财富，
财富只是衡量成就感的一种尺度，
如果直接去实现成就感，
财富和快乐自然会有。

不做的事。"想要更好地体验人生，最好的场所就是工作的时候，但要有所领悟，学到些东西……思维方式是人生、工作结果的决定因素，其他的还有热情和能力。"

有人可能会说，这些人已经拥有巨额财富了，所以才那么超然。这样想的人，可能就是一个不快乐甚至消极悲观的人。

河南郑州有一位很朴实的的哥，名叫朱厚全，他是一位非常敬业也非常有爱心的司机。在他的计程车上，永远放着三样东西：名片、纸笔和募捐箱。"名片是为了能让顾客最方便最快捷地联系到我；纸笔是让顾客在需要记东西时能方便使用；募捐箱是为了爱心不找零活动，号召乘客和出租车司机一起为聋哑儿童募集善款。"朱厚全挣的不是什么大钱，但是他同样可以有所追求，做慈善，献爱心。

"人活在世上，不仅追逐财富，更要追求一种精神幸福和心灵满足。"这是朱厚全的话。从某种意义上讲，他丝毫不逊色于稻盛和夫。

所以，如果这一刻的你还在为了一份所谓的高薪或一笔诱人的财富而疲惫地前进时，请你停下来，好好听听内心的声音，看看自己应该走向哪里，想想需不需要调整步伐吧。

3

存在感与幸福感成正比

有一个很有名的故事：两匹马各拉一车货，一匹走得快，一匹慢腾腾，于是主人把后车的货全搬到前车。后面的马笑了："切！越卖力越遭折磨，干得好不如干得巧！"主人则心想："既然一匹马能拉车，那干吗养两匹？不如把懒马宰掉吃肉！"

这就是简易经济学里的"懒马效应"。"懒马"指职场中那些执行力慵懒的员工。故事旨在告诫"懒马"们：如果不积极努力地工作，老板就会觉得你可有可无，你被踢开的日子就不远了。

这种可有可无的感觉，说的其实就是一种存在感。一个人的价值在于别人需要你，而不是你需要别人。当别人需要你的时候，你才有存在感，你的价值才被体现出来。这一点，在职场中体现得尤为突出：为什么有些人在每一年都能升一级，而有些人工作了很多年却还是在原来的职位做同样的事情？这并不是说"不升职可耻"，而是说，很多时候你是不是错失了升职的机会？

比如说同一家专卖店的销售顾问，看见顾客进门，有人会很热情地上前接待，积极地为顾客介绍产品，从顾客进门到离开，无论生意是否做成，都是笑脸相迎；而有人则很怠慢，顾客进来好几分钟了，他还在那里干自己的事，发短信、上网，顾客爱看什么看什么，看上哪件自己去交钱。不用说，前者的业绩肯定比后者好，前者受到提拔的机会肯定也比后者多。而当企业需要做出人员调整的时候，后者肯定是裁员名单的首选，因为他没有体现出自己的价值，他是不被需要的，在这个团队中，他也是最没有存在感的一个。

当我们谈论对别人的需求时，需要特别注意推己及人的道理，很多人容易忽略这个问题。他们意识到别人需要自己的时候，往往忘了站在对方的角度去思考，别人需要自己做些什么，怎么做才是符合对方的需求的。

关于推己及人，有一则典故。相传在春秋时期，有年冬天，齐国下大雪，连着三天三夜都没停。齐景公披件狐裘皮袍，坐在厅堂欣赏雪景，觉得景致新奇，心里想着如果再多下几天，就更漂亮了。这时，晏子走近，若有所思地望着翩翩下降的白雪。

景公说："下了三天雪，一点都不冷，倒像是春暖的时候啦！"

晏子看景公皮袍裹得紧紧的，又在室内，就有意地追问："真的不冷吗？"

景公点点头。

晏子知道景公没了解他的意思，就谏道："我听闻古代的贤君，自己吃饱了要去想想还有没有人饿着，自己穿暖了还有没有人冻着，自己安逸了还有没有人累着。可是，你怎么都不去想想别人啊！"景公被晏子说得一句话也答不出来。

我们很容易活在自己的世界，独善其身而不是推己及人。当你要指责别人时，一定要先问问自己有没有做到，所谓"己所不欲，勿施于人"；当你怨怪别人对你不好时，一定要先扪心自问自己对人家够不够好。

再说一个故事，江苏兴化县曾有位名叫马文安的商人，识书习礼。他的妻子吴氏，长得非常漂亮，心智也很聪敏，善于打理家务，但是有些傲慢，怨恨之心比较重，和婆婆处不来，经常发生摩擦。每次马文安回家，婆媳二人都在他面前互相诉说对方的不是。婆婆说媳妇不孝，媳妇说婆婆不仁，双方各执一词，让马文安左右为难。马文安知道妻子不愿遵从母亲，于是想了一个办法让妻子感悟自己的过失。

有一天，吴氏又开始向马文安诉说婆婆的不好，马文安便安慰道："老母亲啰唆，我也知道，我已经想好了，我要带你到外面去住。只是亲友外人并不知道母亲难侍奉，我们如果突然背亲离家，难免要受人家指责，所以我劝你暂时忍耐一两个月。在这期间，你一定要任劳任怨，尽心侍奉，让亲友们都知道你很孝顺，让他们说母亲的不好，然后咱们再搬出去。这样就可以避免旁人说三道四了。"

吴氏于是答应了丈夫，从此对待婆婆就和颜悦色，顺意承事。做婆婆的见媳妇脾气已改了，凡事都能顺从自己，心里也觉得舒服多了，也就对其倍加体谅。结果以前的日常摩擦没有了，两个人的关系变融洽了。

过了些天，马文安见吴氏并不像从前那样对他诉说婆婆的不是，故意问她："近来母亲对你怎样呀？"吴氏说："比以前好点了。"马文安又对她道："她既然略微好点了，你应该更加谨慎侍奉，务必要使她的不仁、你的孝道，让众人都知道，那样我才可以理直气壮地带你到外面住呀。"吴氏听了，唯唯答应。

这样，又过了些时日，马文安再问吴氏："母亲对你怎样？"吴氏回答："现在婆婆待我很好，我不再想离家别居了。我很情愿常在她老人家的身边，替你尽人子应尽的孝道。"

马文安用这个方法，巧妙地让妻子意识到自己的问题，也因此改善了婆媳关系。他告诉妻子，待人接物，务必要反省自己，从自己身上找原因，切不可总是责怪他人。古人云："爱人者人恒爱之，敬人者人恒敬之。"处世是这样，何况是侍奉父母尊亲呢？

反观我们自己，吴氏所犯的错误在我们身边并不少见，人与人之间的矛盾往往就是因为互不理解、各执己见所引起的；而在这些矛盾发生之前，只需要双方都能推己及人，设身处地地为对方着想，很多问题就根本不成问题了。

我们谈到幸福感、存在感和推己及人这三个重要的感受或行为，其实它们之间的关系是相辅相成的。一个人想获得幸福感，首先必须要有存在感，而一个人的存在感就体现在他对社会、对他人的价值；当一个人被别人所需要时，推己及人，同时站在对方的立场想问题，这样他所做出来的事情才能真正让对方满意，这便又增加了自己的存在感和幸福感。

4

"知足常乐"的说法不准确

我们常说知足常乐，懂得满足的人是快乐的，这个道理是不是放诸四海而皆准呢？我认为，人应不应该知足要一分为二来看待：对物质的追求应该懂得知足，但对事业的追求要不知足，因为人生的意义在于用有限的生命创造无限的价值。

为什么对物质的追求应该懂得适可而止？因为过分地追求物质容易使人迷

惑，变得贪婪。看看那些爱炫富的人吧，他们内心其实非常之空虚，于是制造出一种幻象来自我满足。圣严法师在他的著作《真正的快乐》中谈道："在现实的生活中，如果想要生活得更自在、安乐，就必须做到两个基本原则：少欲、知足。唯有少欲知足，我们才不会如饥似渴地追求各式各样的欲望，也才不会怨天尤人，埋怨外在的环境总是不尽如人意。"

如果我们去了解那些成功的企业家，会发现他们当中的很多人在事业上不断追求高度，但生活中是十分简朴的，对物质的要求并不高。"历数前代国与家，成由节俭败由奢"，新希望集团董事长刘永好经常用这句古训来告诫员工。刘永好是富豪榜上的常客，可他个人非常节俭。他不讲排场，不图虚名，不抽烟，不酗酒，不打牌，吃穿随意，得体就好，经常和员工一起在饭堂吃饭。刘永好说，"我们不是一夜暴富者，深知创业的艰辛与不易；我们企业的底蕴是踏实稳健的、生机绵绵的，因为我们的目标是创建百年希望。"

华人首富、身家过千亿的李嘉诚对自己的衣服和鞋子是什么牌子从不讲究。皮鞋坏了，李嘉诚会觉得扔掉太可惜，补好了照样可以穿，所以他的皮鞋十双有五双是旧的，一套西装穿十年八年也是平常事；他曾长期佩戴一块价格为 26 美元的手表。

这些企业家积累的财富足以让他们随心所欲地享受奢华生活，但是他们都选择了朴素和简约。物质是外在的东西，主要是用来满足我们生活的基本需求，富人生活质量高无可厚非，但是如果把太多的时间和精力放在对档次的追逐和所谓身份的匹配上，这样的人其实会忽略生活中更多美好的事物。

而这些企业家一旦回到事业的跑道上，无一不充满了干劲和梦想，且从不满足，不断实现一个又一个的目标。

联想集团的发展将近 30 年的历史了，联想创始人柳传志在谈到企业的发展目标时说，当年刚创办联想的时候，自己对究竟怎么办公司完全没有认识，只是想体现一下人生价值。到了 1987 年、1988 年公司走上一定轨道以后，他就有了更大的想法：要让联想成为中国最大的PC公司。当时提出的愿景是办一个长期的、有规模的高技术企业，这个目标后来也实现了，联想的PC在中国的市场份额稳居第一位。如今联想的愿景是要做一个值得信赖并受人尊重的国际化投资控股公司。这个过程简单来说就是美国管理学专家吉姆·柯林斯所言的"从优秀到卓越"。柳传志曾从联想退休，2009年65岁的他再度出山，拯救处在旋涡中的联想，两年后再退休，但"联想"二字其实已刻在了他心间。

现在世界上最大的米果厂商——旺旺集团的创始人、台湾企业家蔡衍明也是一个在事业上不断追求的人，他的事业版图跨越了几个不同的领域。

蔡衍明19岁就在父亲从朋友那里接手的宜兰食品厂里当起了总经理，当时初涉职场的他什么都不懂，第一次做生意便亏损了一亿多台币。但是为了挽救企业，也为了证明自己的能力，蔡衍明重新出发，一边学习管理知识，一边了解市场。当他发现台湾的米果产品还没做起来时便抓住这个机会，打算与日本的"米果之父"桢计作合作，但对方认为蔡衍明太年轻。蔡并没有气馁，为了获得合作机会，经常到桢计作下班的路上等他，与他商量合作的事，还不断修改和完善合作计划书，最终打动了桢计作。此后，蔡衍明的米果品牌在台湾获得了成功，但他显然是不满足的，于是又将眼光投向大陆，并很快占领了大陆市场，并把总部搬到了上海。

2007年，中国旺旺在休闲食品业创下了百亿元人民币的营收，但对于蔡衍明来说，这只是个开始。其员工对他说过的一句话非常熟悉，"百亿不是起点，千亿不是终点"。蔡衍明认为，随便挑美国一个（米果）品牌看，在美国国内市场，一年就做了差不多80亿美元。中国人口是美国的4倍，中国人的胃也不比美国人的小吧？将来有可能做中国第一大，那就有可能是世界第一大。

在蔡衍明眼里，仅仅做好米果产品是远远不够的，他又开始投资其他行业，医院，酒店……2008年，他进军传媒业，接手了有58年历史的中国时报集团。旺旺接手的中时媒体包括中国时报、工商时报、中视、中天、时报周刊、中时电

两个小偷看到一个警察，

一个小偷说：「要是没有警察多好啊，

这样我们想偷什么就偷什么。」

另一个小偷说：「蠢货，

要是没有警察，

人人都来做小偷，

哪有我们的饭吃。」

子报等。2012 年 5 月，福布斯发布新一期的台湾富豪榜，蔡衍明以 80 亿美元的净资产成为台湾新首富。

老骥伏枥，志在千里。无论是柳传志还是蔡衍明，他们对事业的热爱都令人钦佩。年青一代应当自我鞭策，如苹果公司创始人乔布斯在斯坦福大学演讲时的那句名言一样，"求知若愚，虚心若愚"，勤勉积极，永不止步。

5

"像初恋一样坚持梦想"

我始终保持着一颗童心，所以我一直都是快乐的。每年的"六一"儿童节，我都会呼吁成人们向儿童学习。学习简单点，岁月让我们太工于心计，活得越来越累；学习有梦想，梦想的目的不是为了追求多少物质财富，而是保持追梦的快乐；学习平常心，事事都功利已经让我们忘记了原本我们想要追求的只是一份宁静和平安；学习纯真点，伪装已经使我们丢失了自我，其实我们都想解放自己。

做人简单一点真的很难吗？许多人为了达到某一个目的，想方设法甚至不择手段地去实现。政客为了选票或高升尔虞我诈，商人为了金钱利益而在产品中掺假，职场中人为了竞争两面三刀……我认为他们不但很累、不快乐，而且到最后皆可能撒落一地鸡毛。

2009 年的时候，在重庆西阳县的一家医院里发生过这样一件事，27 岁的男医生莫某在大溪镇卫生院工作三年了，受到单位同事一致好评，很快成为了医务骨干。但没过多久，卫生院为了加强医务工作，安排女同事骆某到门诊与莫某"搭档"。这本来是一件好事，但骆某的出现，却令莫某"痛苦不堪"。据莫某所说，卫生院实行奖金按劳分配，骆某到来后，分摊了工作，使得他的工作量减少，收入也随之下滑。

骆某虽然是中专毕业，但其业务扎实，也擅长与人交际。莫某便觉得自己被同事疏远和冷落了，心理逐渐失衡，开始忌妒骆某，处心积虑想找个机会把骆某挤走。终于不久后有一次骆某到县医院领回一箱疫苗，因下班走得急，她忘了将疫苗锁进柜子。莫某觉得机会来了，当晚10点左右，莫某借口到办公室找东西，将疫苗偷出，扔进了酉水河。

莫某本以为骆某必须对工作失误负责，肯定会受到惩罚，没想到骆某却报了案。警方经过侦查，最终将手铐戴在了莫某手上。

为了挤走同事，做出不理智的行为，最终受害的还是自己，如果莫某能够想得简单一点，视骆某的到来乃"锦上添花"的开始，并与之好好合作，把工作做得更出色，两人皆可受到重用，收入未必会减少多少。但是他却做了错误的选择，给自己的人生留下了污点。

接下来说说梦想。小时候我们总是有很多的梦想，但是年龄越大就越容易把梦想丢掉。一个人拥有梦想，不是为了去追求多么奢侈豪华的物质生活，不是为了赚多少钱，而是为了保持追逐梦想过程中的快乐。当一个人下定决心，全力以赴地去追求自己的梦想时，他会变得很强大，他会坦然面对困难并去解决它。

在2010年央视一期名为《开学第一课》的节目上，阿里巴巴创始人马云去给小学生们讲课，谈到梦想的话题，他说自己和大家一样，小时候的思维天马行空，想当司机、想当售票员、想当警察、想当解放军叔叔，但是没有一个梦想能够实现，然后不断地改变自己的梦想。"最多的时候，我一年内换了七八个梦想。"他说。但这些并不重要，梦想是快乐的，每个人在成长的路上一定要有梦想，梦想是通向幸福和快乐之路的路灯。退一步来说，一个人可以乱想，但是不可以不想。

"小时候梦想变化没有关系，你需要去不断地想，不断地去想快乐的事情。其实梦想不需要很大，你去想，去努力，你就会做得到。"马云坚持梦想，阿里巴巴也坚持梦想，前者成为了中国乃至世界知名的企业家，而后者是全球最大的电商企业集团。尽管曾遭遇危机，但每一次的坚持梦想皆使其凤凰涅槃。2012年，阿里巴巴从港交所退市，马云于7月23日向全体员工发了一封邮件，调整淘宝、一淘、天猫、聚划算、阿里国际业务、阿里小企业业务和阿里云为事业群，并由这7个事业群组成集团CBBS（消费者，渠道商，制造商，电子商务服务提供商）市场体系。他显然在下一盘更大的棋。

"我们是坚持初恋的人，我们是坚持梦想的人，所以能走到今天。"这句话可谓经典，"像初恋一样坚持梦想"，值得我们每一个人体会和思考。

保持一颗童心，还体现在对任何事情都应以平常心去对待，不要太过计较得失。有一位禅师有三个弟子，有一天，师父问三人："门前有两棵树，荣一棵，枯一棵，你们说是枯的好，还是荣的好？"大徒弟说："荣的好。"二徒弟说："枯的好。"三徒弟说："枯也由它，荣也由它。"

你看，无论你选择前两者中的哪一种心态，都会产生得失之心，因受外境影响而或喜或悲，但若"枯也由它，荣也由它"，则无论世事如何变迁，皆可泰然处之。北宋文学家范仲淹曾言"不以物喜，不以己悲"，凡事用一颗平常心去看待，那么你就能保持内心的平静和安宁。

我曾经看过另一个禅理故事：

有人问慧海禅师："禅师，你可有什么与众不同的地方？"

慧海答道："有。"

"是什么呢？"

慧海答道："我感觉饿的时候就吃饭，感觉疲倦的时候就睡觉。"

"这算什么与众不同的地方，每个人都是这样的，有什么区别呢？"

慧海答道："当然是不一样的！"

"为什么不一样呢？"

慧海答道："他们吃饭时总是想着别的事情，不专心吃饭；他们睡觉时也总是做梦，睡不安稳。而我吃饭就是吃饭，什么也不想；我睡觉的时候从来不做梦，所以睡得安稳。这就是我与众不同的地方。"

慧海禅师继续说道："世人很难做到一心一用，他们在利害得失中穿梭，困于浮华的宠辱，产生了'种种思量'和'千般妄想'。他们在生命的表层停留不前，这是他们生命中最大的障碍，他们因此而迷失了自己，丧失了'平常心'。要知道，只有将心灵融入世界，用心去感受生命，才能找到生命的真谛。"

如果你是经常焦躁、思绪容易被各种事情所扰乱的人，多体会一下慧海禅师的这些话吧。

现代人觉得过得很累的另一个原因，就是爱伪装，不管是不由自主，还是被逼无奈，习惯戴着面具生活。我在前面的文章也提到了，很多人爱装富有，装有文化，到最后，他们都不知道原来的自己是什么样子的。

所以，我说童年的时候最好，想哭就哭，想笑就笑，所以我也特别喜欢跟女儿待在一起，从小孩子的身上，找回童年的纯真。其实童心并不会因为一个人的成长而消失，只是我们很容易就用身边的事物把它掩盖了，所以我们要学习卸下包袱，回归纯真，面对真实的自己，这样的人生才过得快乐，过得有意义。

纪伯伦写过一篇文章《我的心灵告诫我》，摘抄几句与大家共勉：

我的心灵告诫我，它教我热爱人们所憎恶的事，真诚对待人们所仇视的人。它向我阐明：爱并非爱者身上的优点，而是被爱者身上的优点。

我的心灵告诫我，它教我去看被形式、色彩、外表遮掩了的美，去仔细审视人们认为丑的东西，直到它变为在我认为是美的东西。

我的心灵告诫我，它教我去倾听并非唇舌和喉咙发出的声音。

我的心灵告诫我，它教我在未知和危险召唤时回答："我来了！"

我的心灵告诫我，它教我不要用自己的语言——"昨天曾经……""明天将会……"——去衡量时间。

我的心灵告诫我，它教我不要用我的语言——"在这里""在那里""在更远的地方"——去限定空间。

我的心灵告诫我，它教我不要因一个赞颂而得意，不要因一个责难而忧伤。

我的心灵告诫我，它教我明白并向我证实：我并不比草莽贫贱者高，也不比强霸伟岸者低。

6

成熟的标志是什么

青少年在 18 岁的时候会有一个成人礼，表示结束少年时代，迈进人生的新阶段。事实上一个人是否成熟，与年龄无关，而是由他的人生阅历所决定的，有些人年纪轻轻就已经历过许多人生故事，为人自然就比同龄人成熟；而有些人尽管年龄不小，但经历少，尽管面容看似沧桑，但心智仍很单纯。

有一天朋友问我，何谓成熟？我罗列了以下几个标志性的特点：

一、喜怒不形于色。不成熟的人，遇到开心的事情就会很明显地表现出来，大笑，欢呼雀跃，到处跟别人讲；遇到难过的事情就会摆出一张苦瓜脸，也爱抱怨，表达意见时往往很直接，不太讲究措辞。而成熟的人，情绪管理一般做得比较好，遇事不会张牙舞爪，面对突发的事情时也比较镇定，遇到问题会先想解决方法而不是胡乱发泄情绪，很少抱怨，表达意见时会顾及他人情绪，并懂得用什么样的语气和措辞最合适，既准确传达自己的意见又不会影响谈话氛围。

二、能屈能伸。成熟的人，目光深邃，看得更远。在失意时能忍耐，在得志时能够大干一番事业。韩信忍"胯下之辱"的故事家喻户晓，面对屠夫野蛮的欺压，韩信自知势单力薄，最终选择从对方的胯下钻过，遭受奇耻大辱。传说后来韩信得志之后还回去找到那个屠夫，屠夫以为韩信要杀他报仇，没想到韩信却善待屠夫，并封他为护军卫。他对屠夫说，没有当年的"胯下之辱"就没有今天的韩信。

苏东坡的《留侯论》里有这么一段话："古之所谓豪杰之士，必有过人之节，人情有所不能忍者。匹夫见辱，拔剑而起，挺身而斗，此不足为勇也；天下有大勇者，卒然临之而不惊，无故加之而不怒，此其所挟持者甚大，而其志甚远也。"也就是说，不成熟的人往往是冲动的，面对屈辱时，会为解一时之气，不顾后果往前冲，这样的人是干不成大事的；而成熟的人，知道审时度势，为了实现更远大的目标，受一点屈辱也是值得的。

三、不逞能。成熟的人，在工作时更注重团队的合作和成长，如果一个人成功而团队失利，这不算成功，只有团队的成功才算真正的成功。不成熟的人总是想要做最突出的那个，总喜欢自己邀功，只要自己是最优秀的就可以，这样的人在团队中常常是最不受欢迎、人缘最差的；而成熟的人有大局观，做事会从整体利益出发，能促进团队的合作，而不过分计较个人得失。

四、懂得换位思考。有这么一个小故事：在日本，有一个犯人被关在监狱里，有一天他很想抽烟，他透过窗户看到外面有一个士兵正在抽烟，于是他就请士兵给他一支烟，士兵认为犯人没有这个权利，所以不给。但是犯人认为自己是有这个权利的，于是很严肃地跟士兵说，请在30秒内给我一支烟，否则我就用头撞墙，撞到自己血肉模糊，如果监狱的管理人员发现了，我就一口咬定是你干的，就算他们不相信我，你也必须为了证明自己的清白出席一次听证会，你还得准备很多材料，这会多么麻烦，而带来这些麻烦的就是你不给我一支烟这么简单的事。士兵后来当然是给了香烟，因为他可不想惹这么多麻烦。日本松下电器的创始人松下幸之助刚开始与人谈判时总是因为双方的意见不合而影响了合作，后来有人跟他讲了这个故事，他懂得了要站在对方的立场上想问题，在后来的谈判中自然就顺利很多。

五、有包容心，能看得惯世间百态。成熟的人阅历丰富，他们遇到过各种各样的人，各种各样的事，所以，他们对外界更有包容心，对别人的举动更能理解和宽容。传说古代有位老禅师，有一天晚上在禅院里散步，突然发现墙脚下有一把椅子，他一看就知道有位出家人违反寺规翻墙出去了。老禅师也不声张，他走到墙边，移开椅子，蹲在椅子原本所在的地方。过了片刻，果真有一位小和尚翻墙，黑暗中踩着老禅师的背脊跳了进来。但是他明显感觉到，刚刚踏的不是椅子，转身一看，发现是自己的师傅，惊慌失措。但老禅师并没有严厉责备他，只是平静地说："夜深天凉，快去添衣。"

成熟的人宽容别人，并不是完全放纵，而是用一种巧妙的方式让对方意识到自己的问题所在，老禅师没有严厉责备，但小和尚显然会意识到自己所犯的错误。有包容心的人眼里容得下沙子，肚里能撑船。有句话说得好，"有多大的包容心，就能成就多大的事业"。

六、敢于承认错误，承担责任。不成熟的人总是缺乏勇气和责任感，对于自己犯的错误，第一反应常常是找各种借口为自己开脱；但成熟的人，都是敢于承认错误的人。犯错是每个人都会经历的，勇于承认错误并改正，这样才能取得经验，快速成长。无论做什么事情，人都应该有一份责任感在心上。第一次世界大战中，有600万英国成年男性奔赴战场，死亡率为12.5%。当时英国著名贵族学校伊顿公学的参战贵族子弟伤亡率则高达45%。按照常理，英国贵族大多担任军官，为什么死亡率反而远高于一般士兵呢？答案很简单，因为他们总是冲锋在前，撤退在后。对于他们来说，责任和荣誉比生命更重要。

七、目中有人，谦虚有礼。丰收的季节，如果我们去麦地里走一走，看到的一定是一大片一大片金黄但低着头的沉甸甸的麦穗，人也一样，成熟者不会趾高气扬，反而很低调，谦逊有礼，虚心求教。

一个人成熟的标志还有很多，如果你看了以上几条特征，觉得自己还不算个成熟的人，也不必觉得惊慌。成熟是一个积累的过程，不可能一蹴而就，只有承受过痛苦，享受过欢笑，尝过咸涩的汗水，流过晶莹的泪水，才会慢慢蜕变。

成熟的标志是：
喜怒不形于色；
能屈能伸；
不爱逞能；
懂得换位思考；
有包容心；
能看得惯世态；
敢承认错误，
认为事情的
后果自己有
责任；
目中有人，
谦虚有礼。

7

感恩与忘恩

有本全世界范围的超级畅销书名为《秘密》，是讲"吸引力法则"的——消极能量吸引消极能量，积极能量吸引积极能量。文章的核心是告诉读者如何通过吸引力法则来使自己成功，其中有一部分讲到感恩。人要存感恩之心，要学会感恩。其实当你端起一碗饭的时候，你就要感恩，因为"粒粒皆辛苦"；你得到别人帮助的时候，你的感恩会从情绪中流露出来。如果你不懂得感恩，你会错失许多机会，越来越孤立。

曾经看过一个关于感恩给人心灵洗礼的故事。

美国一位穷学生为了付学费，挨家挨户地推销商品。一天晚上，他肚子很饿，而口袋里只剩下一枚硬币。当一位年轻貌美的女孩子打开门时，他有些自卑，没有讨口饭吃的勇气，只说希望能要杯水喝。女孩看出他饥饿的样子，于是给他端出一大杯鲜奶来。

他不慌不忙地将它喝下，并且问："我需要付多少钱？"

"你不欠我一分钱。母亲告诉我们，做善事不能索要回报。"姑娘的这句话让他心头一热。原本已经陷入绝境，准备放弃一切，女孩的一份爱心给了他力量和信心。

数年后，那个年轻女孩病情危急。当地医生都束手无策。家人把她送进大都市，请专家来检查她罕见的病情。他们请到了郝武德·凯礼医生来诊断。当他听说病人来自某某城时，他若有所思。他立刻进了她的病房。

郝武德医生一眼就认出了这位病人。他立刻回到诊断室，并且下定决心要尽最大的努力来挽救她的生命。最终女孩战胜了病魔，起死回生。

最后，计价室将出院的账单送到医生手中，请他签字。医生看了账单一眼，然后在账单边缘上写了几个字，就将账单转送到她的病房里。

她不敢打开账单，因为她明白，她一辈子的努力也未必能还清这笔医药费。

但最后她还是打开看了，账单边缘上的一行字让她震惊和感动："一杯鲜奶足以付清全部的医药费！"签署人：郝武德·凯礼医生。

当年那个为了筹集学费而推销商品的穷苦学生在女孩的帮助下重获信心，并且成为了医术精湛的医生。如今为当年的恩人治病，他及时报恩。感恩并不是法律规定的每个人必须履行的义务，而是一个人良心和道德的体现。

我自己也亲身经历过一件感人的事。19世纪80年代，我在部队服役，某天被抽调去看守一群犯人。其中，有一个重刑犯，他的姐姐是青光眼，他的母亲偏瘫在床。他对我说："能否帮个忙，去找一个人，让这人以后帮我照顾家里的老母亲。"

我看他说得很真诚，便在休息时间，真的按照他说的去找这个人，一路上费了很多周折，终于找到了这个犯人说的朋友。当我把他的意思转达给这个人时，他点了点头，只说了一个字：好。

回来之后，我将这个消息转达给了这个重刑犯，这个犯人听完我的描述，好像一下子轻松下来。我问他："这个人只说了一个'好'字，不知道这样算不算承诺？"

他说："肯定没有问题，因为我有恩于他，他不会负我的。"

中国人的孝道，在一个重刑犯身上得到了深刻的体现。而一个"恩"字，让一个重刑犯如此放心，也让我深为感动。知恩报恩，是我们中华民族的传统美德，这与知识和文化程度无关，这只是人的一种本能。不过，可惜的是，我们的社会上还有一些忘恩负义的人，就好比寓言故事《农夫和蛇》中的那条蛇，不但不报恩，反而以德报怨，反咬农夫一口。

　　2011 年 10 月，深圳市一位公务员，被曝殴打父母，这位北大硕士毕业的国家公职人员，不但扇母亲耳光，还把父亲的胳膊咬得鲜血淋淋，对挣钱供其上学的姐姐也是拳脚相加。此事一经曝光，立刻引发社会的广泛关注。在我看来，不管此人是不是公务员，不管他是哪个大学毕业的，只要是人，就应该有那么一点良心，父母含辛茹苦、一把屎一把尿把你拉扯大，你不但不知道回报，竟然还动手打父母，不是连畜生都不如吗？

　　一个犯人，一个大学生，谁的受教育和文化程度高，不言而喻。但在上述两起事件中，善与恶又怎样来区分呢？人，只有懂得感恩，才会得到别人的尊重。我曾经在微博上写过一句话：感恩，就是给别人一个继续支持你的理由；忘恩，就是给别人一个抛弃你的理由。这话在现实中常常被应验。

　　曾经有一位归国的老华侨想资助贫困地区的学生，在有关部门的帮助下，他给多个有受捐助需要的学生每人寄去一本书，并随书将自己的电话号码、联系地址以及邮箱等信息一同附上。老华侨的家人很不理解老人的做法：为什么送一本书还要留下联系方式？在家人的不解中，老人似乎一直焦急地等待着什么，或是守在电话旁，或是每天几次去看门口的信报箱，或是上网打开自己的邮箱。直到有一天，一位收到书的学生给老人寄来祝贺节日的卡片，这是唯一一位与老人联系的学生，老人高兴极了，马上就给这位同学汇出了第一笔可观的助学资金，同时毅然放弃了对那些没有反馈消息的学生的资助。这时家人才明白，老人是在用他特有的方式诠释"不懂得感恩的人不值得资助"的道理。

　　在微博上曾看到这样一个小故事：A 不喜欢吃鸡蛋，每次发了鸡蛋都给 B 吃。刚开始 B 很感谢，久而久之便习惯了。习惯了，便理所当然了。于是，直到有一天，A 将鸡蛋给了 C，B 就不爽了。她忘记了这个鸡蛋本来就是 A 的，A 想给谁都可以。为此，她们大吵一架，从此绝交。其实，不是别人不好了，而是我们的要求变多了。习惯了得到，便忘记了感恩。

　　不懂得感恩的人是不值得尊重的。我自己深知感恩的重要性，当年我在困顿和焦虑中帮助过我的人，现在皆为我的座上宾。现在身边帮助我的人，即使是普通员工，我也心存感激。同样，我也乐于向周围需要帮助的人伸出援手，这样我们就形成一个"正能量"，这种能量是可以辐射出去的。

有段时间我工作非常之忙，我的团队任劳任怨地支持我，大家每天都很累。后来我仔细一想，这大概也是因为有一点我们一直在做的，那便是感恩、再感恩。只有不断地、真诚地感恩才会得到他人的支持和帮助。我们企业团队氛围之融洽与和谐常令我感动。

感恩是一种美德，人人懂得感恩，可以让我们的社会变得更美好。西方有感恩节，是为了提醒人们感谢上天赐予的好收成。我认为，在国内，我们也应该推崇感恩文化，加强感恩教育。现在有很多独生子女受到父母的百般疼爱，把生活中的一切事物都认为是理所当然的，不懂得珍惜，不懂得感恩。有一个公益广告做得挺好的，是一个小男孩看到自己的妈妈给奶奶洗脚之后，自己也学着去打水来给妈妈洗脚，很让人感动的一个广告。这就是一种感恩教育，父母用行动来教育孩子，效果会更好。

韩国人也注重感恩教育，他们的教育更多的是体现在生活的细节中。在韩国人的餐桌上，一般是爸爸、妈妈、爷爷、奶奶坐在那里，等着孩子给他们盛饭。有些爷爷有饭后喝茶的习惯，妈妈倒好茶后，也会让孩子双手捧茶，小心翼翼地给爷爷敬茶。韩国妈妈认为，让孩子从小做这些，是为了让他体会辛苦、学会感激，表达对长辈的恩情。

很多韩国小孩子，胸前会挂上一块牌子，牌子的正面是父母像，背面是孝敬父母的种种格言和规定，这叫做"孝行牌"。韩国妈妈会每天晚上要孩子照"孝行牌"默想自己做得怎么样，比如早上上学的时候，有没有向爷爷奶奶鞠躬说再见；爸爸送了孩子一份小礼物，孩子是不是向他表达了喜爱和感激；孩子每次去小伙伴家玩，是不是事先告诉了妈妈，免得妈妈为他的晚回家而担心。从这些生活小细节培养孩子，让孩子从小就存有感恩之心，这一点非常值得我们学习。

8

成就感是幸福的源泉

每个人都有不同的快乐，也可以选择不同的快乐，但人生的终极痛苦只有一个，就是缺乏成就感。

成就感是什么？成就感是团队熬夜奋战多日至筋疲力尽，得到客户的一句肯定；成就感是为顾客悉心介绍产品，顾客签下订单的那一刻；成就感就是帮助别人，看到对方的真诚笑容；成就感是克服体力的不支、退缩的心理，登上山顶俯瞰四方时的豪迈……

成就感是幸福的源泉，因为成就感是对一个人所付出努力的肯定，要做成一件事，完成一项任务，总会遇到多多少少的困难，要消耗时间和精力，当这项工作完成了，达到或超出预期时，努力得到回报，这种回报就是成就感。成就感能给人带来成功的喜悦，能冲刷掉所有的疲惫和压力，使人的心灵得到满足。

那些登山者为什么总是不断地挑战自己，征服一座又一座的高峰？其中一个原因就是享受登顶时的喜悦和成就感。在登山的过程中，会遇到很多可预知和不可预知的困难和危险，在这个过程中，很多人会因为承受不住各种各样的困难而选择放弃，但总有一些人坚持下来，体力不支时靠精神支撑，精神也支撑不了时靠信念支撑，一步一步登上顶峰。而站在顶峰的那一刻，俯视山下的世界，回想登顶的过程，会觉得之前的一切辛苦都是浮云，这种珍贵的成就感让人觉得幸福和快乐。

那么，成就感从何而来？

成就感的获得，不在于你拥有什么，而在于你获得的过程。同样是拥有万贯家财，有的人是生来就有万贯家财相伴，对他们来说，拥有财富不能算是成就感，因为这是他们的父辈的成就，家族的成就；而另一种人，他们拥有的财富是自己白手起家，通过多年的打拼奋斗而获得的，这是属于他的财富，因此他获得的是真正的成就感。

现在有很多富人家庭，因为疼惜孩子，不舍得让孩子受苦受累，于是将孩子的一生都安排好了，学习、工作、结婚，让孩子的一生在一帆风顺中度过，没有经历一点波澜和风浪。其实这样对孩子的成长没有一点好处，一句大家耳熟能详的古语叫做"生于忧患，死于安乐"，没有经历过挫折的人无法体会奋斗的辛苦，无法体验战胜困难的喜悦，更无法享受胜利之后的成就感，这样的人生注定索然无味。

新东方集团创始人俞敏洪经常跟年轻人分享自己的心得。他说上大学的时候，就算是一个班的同学，也会因为家庭背景的不同，学习成绩的高低，甚至还有身材相貌的差距，而有所不同。但在他看来，这些都不重要，美貌总有消失的一天，当时他班上成绩排在后 5 名的同学在 20 年后所取得的成就比前 5 名的同学还要大，"因为前 5 名的同学往往是学习能力比较强的，从小学到大学都没有经历过学习上的挫折，走上社会后抗打击的能力反而比较弱"。

由于智商上比不过人家，俞敏洪就找别的方法跟同学比背单词。当时他只是觉得这件事既能打发时间，又能给自己建立一点自信，或者说获得一点虚荣心。但是没有想到几年后，要申请美国留学的中国大学生都必须考 GRE（美国研究生入学考试），这门考试培训词汇量超过了两万个。当时很少有人能教这么多词汇，而俞敏洪的词汇储备已经达到了 4 万个，找遍北京最能教词汇的就是他，因此很快他就在北京教出了名声。后来俞敏洪就想，他完全可以自己办学校，于是于 1993 年创办了新东方。

新东方的成长也经历过艰难的阶段，最开始只是一家条件简陋的语言培训机构，13 年后则在纽约证券交易所挂牌，成为第一家在美国上市的中国教育服务机构。俞敏洪后来说，人的幸福感不在于你拥有什么东西，而在于你如何拥有这些东西。

"比如你自己做道菜，虽然水平不怎么样，但你觉得好吃，因为是你亲自做出来的。如果别人给你做道菜，即使水平高很多，你也觉得很难吃，因为你常常挑剔别人所做的事情。所以我最感激的是父母只给我留下了一样东西，就是必须靠自己的努力白手起家，最后获得自己想要的东西。"

俞敏洪把每一次挫折都当成宝贵经验。最近一次是 2012 年 7 月，新东方在证券市场遭到美国著名做空机构浑水公司的阻击。区别于之前恒大地产遭到另一家做空机构香橼质疑时许家印"他们是侵略者，是土匪，是强盗"式声嘶力竭的还击，俞敏洪虽然回应称新东方受到的指责"毫无根据"，但他克制得多，特别是在谈到新东方以后有可能会转板到 A 股的时候，说："中国其实应该有浑水这样的公司，他们就像苍蝇一样，会找到臭了的鸡蛋，这样很多在 A 股上市的公司就不会乱来了。当然我本人不喜欢这样的公司为了自身利益有的时候会扭曲事实。我相信新东方不是臭鸡蛋。"

想要获得成就感，就必须有持续的追求。有一道选择题是这样的：A. 今天一次性给你 10 亿元；B. 今天给你 1 元，接下来连续 30 天每天都给你前一天 2 倍的钱。你选哪个？很多人选了 A。可事实上，选 B 的结果是 21.47 亿元。

所以，不要期望一夜暴富，就算起点低到仅有"1 元钱"，但只要你每天努力多一点，每天进步一点，就能创造一个意想不到的奇迹。

要拥有成就感，就必须有持续追求的目标和信念，一点一滴积累。物质财富如是，精神财富更如是。不少人常常羡慕成功者的成就，但请记住，不要只看到这些成就的表面，要去看看背后他们所付出的巨大努力。任何一点小小的成就都是用辛勤的汗水换来的，这是最基本也是最实在的道理。脚踏实地，每天进步一点，每天积累一点成就感，日积月累，成功就在不远处，幸福也在不远处。

9

快乐都是自己找来的

你常常感到不快乐吗？你觉得生活充满了让人烦恼头疼的事吗？抬头看看天空，你的天空总是灰色的吗？快乐，对你来说是个陌生的词吗？先来听一个故事吧。

有一位妈妈养了两个女儿，大女儿是卖伞的，二女儿是洗晾衣服的。一到下雨天，大女儿的生意就特别好，但这位妈妈还是愁眉不展，因为二女儿的生意好不了。而一到大晴天，二女儿的生意就很火，但大女儿的生意会极差。这样一来，不管是下雨还是晴天，这位妈妈每天都在担心女儿们的生意。

后来有人告诉这位妈妈，你要反过来想，下雨的时候，应该为大女儿生意好而开心，大晴天的时候，应该为二女儿的生意好而高兴，这样一来，你就每天都是开开心心的，做人应该懂得为自己找快乐，而不是自寻烦恼。

同样的一件事，不同的人从不同的角度去看就能产生完全不同的情绪。如果你说你没有信仰，不要怨怪别人，因为"信仰"都是自己去寻求的，没有谁会把信仰强加给你。如果你说你没有快乐，也不要怨怪别人，因为"快乐"也是自己去追求到的，天上掉下来的都是雨、雪和冰雹，从来不会掉馅饼、掉快乐。

那么，如何才能武装自己，找到快乐的源泉呢？

首先，你得有一个乐观的心态。生活中我们总会遇到各种各样不顺心的事情，一旦遇上，悲观的人的第一反应肯定是："我很倒霉！为什么是我？我完蛋了！"就像我们经常说的那个很经典的例子，如果杯子里只剩半杯水，悲观的人会郁闷地说："只剩半杯水了。"而乐观的人，会充满希望地说："还有半杯水。"拥有乐观的心态，不抱怨生活，可以帮助我们积极地面对生活中可能遇到的种种大大小小的问题。

2004 年美国前总统里根去世时，美国媒体对他的描述是：有活力、乐天派、有幽默感。在执政期间，里根用他的乐观感染了很多美国人民，是一位非常受爱戴的总统。

里根很喜欢用一句话来鼓舞人们：这里一定有匹小马。这句话出自他经常讲的一个故事：有一位父亲拥有一对五六岁的双胞胎，两个人的个性相差很大，一个过分悲观，一个过分乐观。这位父亲决定带他们去看心理医生，希望可以解决他们的问题。心理医生把过分悲观的小孩放在一个充满各种玩具的房间里，让他尽情玩耍，过了一会儿，医生和那位父亲来到小孩的房间，发现悲观的小孩手中拿着玩具，但眼睛却哭红了，他们问他为什么哭，小孩说，我怕有人偷走我的玩具。

而过分乐观的小孩则被安排在一个堆有马粪的房间里，过了一会儿，医生和那位父亲来到房间里，他们以为一定会看到一个很不开心的小孩，结果发现这个小孩正坐在马粪堆上，兴奋地挖着。他们问他在做什么，他说这里有马粪，那肯定有一匹小马，我要找到这匹小马。

也有另一种说法认为里根就是这个要找小马的小男孩。不管怎样，从这个小故事不难看出，里根是一个拥有乐观心态的人，看待事情总能看到好的一面。这种乐观贯穿里根的一生。1994 年，83 岁的里根被确诊为阿尔兹海默症（老年痴呆症）时，曾手写给公众一个便笺，上面说道："当上帝叫我回家的时候，不管那一天何时来临，我将带着对我们国家的热爱和对其未来永恒的乐观而离开。"

拥有一个乐观的心态后，你还要有一颗勇敢的心，勇敢地去面对困难或者不幸。当你有勇气去面对困难、解决困难时，不需要别人的施舍或馈赠，快乐会自然而然地紧跟着你。

这一两年，有个外国小伙子很火，到世界各地演讲，也接受过中国媒体的采访，他的经历感动了很多人，也鼓舞了很多人。他天生没手没脚，他的人生经历过很多苦难，但是现在，他却过着任何人都羡慕不来的幸福生活。

这个叫力克·胡哲的小伙子，出生时得了海豹肢症，没有手脚，从出生的那一刻开始，在很多人眼中，没有比这更不幸的事了。力克的生活面临着多少困难和挑战我们可想而知，他也曾放弃过，试图自杀，但是没有成功，他的父母没有放弃对他的照顾和培养，因此，他也慢慢对自己的未来充满信心，鼓起勇气去面对困难。在学校受人歧视时他主动接近人群，现在他在世界各地演讲，用自己的故事鼓励别人，他成为很多人的朋友和榜样。

力克在他的《人生不设限》一书中写道，人生道路上，"出现挫败感是正常的。这是一场马拉松，不是短距离赛跑。你会失败，因为你是人类；你会跌倒，因为道路崎岖。但你要知道，失败也是生命礼物的一部分，所以要把它们利用到极致"。力克常常说自己的人生快乐得不像话，幸福得不像话，正是这样一个勇敢又乐观的小伙子，他把自己的故事，自己奇迹般的人生体验带到世界各个角落，鼓舞了很多人。听过他演讲的人，无不被他所感染。

除了拥有乐观的心态，拥有面对困难和不幸的勇气，想要拥有一个充满快乐的人生，你还应主动积极地去追求自己的人生目标。马丁·路德·金说："我们必须接受失望，因为它是有限的，但千万不可失去希望，因为它是无穷的。"

肯德基的创始人桑德斯上校65岁才开始创业，这位传奇的人物拥有一个传奇的人生，而他的人生总结起来就是：永远对生活充满希望，不放弃。

5岁时，父亲意外去世，随后母亲改嫁；14岁，他辍学流浪；18岁到32岁，他干过很多的工作，但没有一样是顺利的；35岁时，他驾车经过一座大桥，大桥钢绳突然断裂，他连人带车跌落河中，身受重伤，也因此再次失业；他的两次婚姻都没有好的结果；他的创业之路也不平坦，一直受到各种磨难，但最终他成功了。然而，人生的苦难还未结束，90岁时他被查出患有癌症，6个月后，桑德斯离开了这个世界。

桑德斯传奇的一生是充满曲折的，但他即使在得知自己患了癌症之后也没有绝望，他说："人们常抱怨天气不好，实际上并不是天气不好，而是不同的好天气罢了。"

我们所听到的这些故事，看到的这些人，他们的人生道路可以说是布满荆棘的，但也是充满快乐的，因为他们从来不奢求上天给他们带来免费的快乐，也知道根本没有这样的东西，他们都是用乐观、用勇气、用希望在丰满自己的人生。我们相比他们皆是幸运儿，有什么理由怀疑人生呢？

10

与其嫁个千万富翁，不如成为千万富翁

现在很多女孩子的人生目标就是嫁个有钱人，北京一家机构推出名为《嫁个有钱人》的培训课程，号称专教女孩子如何嫁个有钱人，无数年轻貌美的女子趋之若鹜。一些女学员的态度十分直接："谁不想嫁给有钱人？钱代表什么？代表你成功，代表你是精英，代表你有能力赚到钱。"

先不说学员们"钓金龟婿"的战果如何，这个培训班倒是引发了人们不小的关注。外国媒体都纷纷加以报道，路透社相关新闻的标题是"中国女人学习怎样钓到亿万富翁"，CNN 网站上的相关标题则是"怎样在 30 小时内嫁给亿万富翁"。也有很多人在批判这样的课程太拜金，太露骨了。虽然培训机构老板号称自己的初衷是帮助女孩子提高自己的素质和修养，"嫁个有钱人"的课程名称只是为了吸引学员，但现实生态明摆着：多数女孩子都祈盼嫁个有钱人，少奋斗十几甚至几十年。

与其总是幻想着找个有钱的老公，为什么不让自己变成真正的有钱人呢？

　　三八妇女节那天我听一些朋友交流女性成长话题，有一位女性认为，女人觉得过得辛苦，总是受到歧视，是因为自己不够努力和争取，总在期盼被怜悯和呵护，而不是强者的利他性格。对此我很赞同，守株待兔是不能让一个人成功的，女孩子要学会自立、自尊、自爱、自强，想要成功，应该靠自己，而不是去依附别人。

　　有些女孩子看到别人手上拿着一个LV包就露出羡慕忌妒恨的表情，我只能说她们太肤浅了，其实在男性心目中，女孩子手里拿一本书，比背一个LV包更美。

　　其实不只是女孩子，对所有人来说，都是一样的道理，你想要成为成功人士中的一员，如果只是天天做着白日梦，而不去努力奋斗，是不可能实现的，就注定只能平凡、平庸。有个小故事。有一个人去找一个得道高僧，说为什么我现在这么大年纪了，还是不被注意、默默无闻。这个得道高僧把他带到海边，捡了一颗沙子放在那个人手上，说你把这颗沙子扔出去，他就把沙子扔出去，之后高僧说，你去把刚刚扔出去的沙子找回来。找得到吗？找不到。茫茫一片的沙砾中，你一颗小小的沙子怎么找得到？这时，高僧又从口袋里拿出一颗珍珠给他，让他把珍珠扔出去，再找回来，这下很容易就找到了。为什么呢？因为珍珠会发光，所以一下子就被注意到了。那人就说，我要天生是珍珠就不用烦了。高僧笑了，又问道，珍珠是什么变的？珍珠也是沙子变的。沙子在贝壳的壁上经过很长时间的摩擦，慢慢地才变成了珍珠，珍珠并不是天生的，它的光芒也是经历过蜕变的痛苦才散发出来的。

　　这个故事相信能让许多人有所领悟。要想不平凡，要想超越别人，让别人尊重你，享受成功的快乐，就要通过努力让自己从一颗普普通通的沙子变成一颗光芒璀璨的珍珠。而要使自己成为珍珠，就要去磨炼自己，比别人付出更多倍的努力。这世界上没有一个成功的人是不经过磨难和失败，轻轻松松就创造出大成就的。

　　美国有个富豪名叫福勒，是一个美国黑人的儿子，他5岁就开始劳动，9岁以前都是跟家人以赶骡为生。我们都知道，非洲有很多穷人，有的人穷是因为自身的懒惰，虽然他们的土地很肥沃，但是却不愿意去开垦，只等着政府救济，养成了伸手要的习惯。但是福勒的妈妈告诉他："福勒，我们不应该这么穷，我不愿意听到你们说，我们的贫穷是上帝的意愿。我们的贫穷不是由于上帝的缘故，而是因为你们的父亲从来就没有产生过致富的念头。不仅是你们的父亲，我们家庭里任何人都没有产生过出人头地的想法。"

妈妈告诉小福勒要去奋斗、去改变，小福勒很听妈妈的话，从卖肥皂开始踏上改造人生的旅程。他很有耐心，挨家挨户地去推销，这一做，就坚持了12年，功夫不负有心人，福勒赚到了人生的第一桶金——25万美元。后来，福勒成了美国一位受人尊重的企业家和超级富豪。

很多人在抱怨，为什么世界上的有钱人那么多，自己却不是其中一个；世界上成功的人那么多，自己却不是其中一个。那是因为你总是用一颗沙子的眼光在看这个世界，用沙子的心态在仰望珍珠，只想不劳而获，不愿意为了成为一颗珍珠而努力。其实，只要你有了珍珠的心态，哪怕你现在是一颗沙子，未来也会真的成为珍珠的！

女孩子总想找一个有钱的老公，

为什么不可以让自己直接有钱呢？

只要你比男人更勤奋就可以了。

等到的东西也很容易失去，

因为它毕竟不是你的。

11

人性其实挺复杂

对于人性的善恶，古今中外有很多学者都提出了不同的观点。孟子认为，人性本善，尽管各个社会成员的分工不同，但人性趋同；而荀子则认为，人性本恶，因此他主张通过后天教化来使人向善。

这两个观点看似相反，其实根本目的还是一样的，就是使人向善。我觉得，人性其实挺复杂的，并没有单方面的全是"善"或全是"恶"，人性其实或多或少会流露出"不经意间的丑陋"，就是说有时候人们会对恶人太善，对善人却太恶；对爱他的人冷漠，对害他的人热情。

在三聚氰胺事件爆发之前，蒙牛是一个知名的国产乳业品牌，其创始人牛根生也是一位知名企业家。三聚氰胺事件让国人看到了蒙牛和牛根生的真实面目，人们纷纷斥责牛根生在演戏，电视上"一天一斤奶，强壮中国人"的说教荒唐透顶。最恶劣的是，蒙牛并没有马上道歉，反而是推诿责任。

中国人是健忘的。三聚氰胺事件已经过去，蒙牛这些年却继续出现"毒牛奶"事件，亦曾公开对香港人宣称"香港的牛奶品质比内地安全"。是可忍孰不可忍！可是，仍然有许多人继续买蒙牛、喝蒙牛。国人对"恶"的包容度似乎太大了点。

与"善待"恶人相反的是，我们对"善"却更加怀疑和苛刻。还记得"彭宇案"吧，他好心扶起摔倒的老奶奶，送到医院，没想到反而被老奶奶指责是撞伤她的人，彭宇一片好心却遭到诬陷。在彭宇案之后，我们又经常看到全国各地各式各样的"彭宇"们，以至于很多人都在心中立起一道屏障，不敢或者不愿轻易再去扶起马路上跌倒的老人。更有甚者，在救人时还要拍照留下证据，就是以防事后被讹。

对恶人太善，对善人太恶，为什么我们常常会犯这样的错误？那是因为我们很多时候都很感情用事，缺乏理性的判断，有些事情并不如表面上看到的那么简单。在社会风气有些异化的现在，人性的复杂使很多"常识"都扭曲了，人与人之间失去了最基本的信任。当你看到弱者时，脑海中的第一反应可能不是去帮助他，而是在想"他是不是装的"；当你想要伸出援手时，心里却有几个不同的声音在讨论着该不该伸出手；当你帮助了弱者之后，却还在时时刻刻担心着会不会给自己惹来麻烦……因此，很多人宁愿放弃做一个好人的机会，而选择做一个默默路过的旁观者。

复杂的人性使我们很容易伤害和太不在意那些对我们最爱和最尊重的人，而却太在意那些藐视和伤害自己的人。别人对你好你却总是视而不见，别人对你稍微欠缺就视如眼中沙；别人做得好你总是吝惜赞美之词，别人稍有差池就被无限放大。

其实，做人不能这么苛刻，应该要时时看到身边的亲人和朋友、同事对你的关心，不要对别人的一点小错误就无休指责，应该用一种宽容的态度对待他人，要善于发现对方身上的优点，只要不是人品上的劣迹，一些小错误可以得到纠正。人生最蠢的事情，就是把别人看得太傻，把自己看得太聪明，那些把别人看得很蠢的人，其实自己才是最蠢的。有这么一个段子：

东坡问佛印："你看我像什么？"

佛印答："我看见一座佛。"

佛印反问东坡："那兄台看我像什么？"

东坡哈哈笑道："像一坨屎。"

佛印淡然不语……

东坡甚得意，回家与苏小妹炫耀，说论禅论赢了，还踩了佛印一大脚。

小妹说："大哥你输了，还那么得意？"

东坡愕然。

小妹说：“佛曰相由心生。佛印心中有佛，所以所看之物皆佛；而哥哥心中有屎，所以所看之物皆屎。”

那些总是看到别人身上的缺点的人，自己本身就缺少发现美好事物的眼睛。这样的人，他们看到的世界应该是暗淡无光的，因为他们的心中、眼中也没有光彩，映衬不出他人亮丽的一面。

要找回自己心中的这道光，就要学会面对真实的自己，时刻反省自己，看到自己性格中的弱点，然后纠正它；还要看到自己性格中的优点，发扬它。一个人的性格有多面性是很正常的，最重要的是我们要懂得直面这种多面性，要实事求是，不要抱着一个虚荣之心，总是走形式主义，刻意去掩盖自己的内心，给自己戴上层层面具，到最后连自己都不认得自己了，又怎么能客观地去看待他人呢？

印度著名哲学家克里希那穆提在他的著作《重新认识你自己》中提到：“世上最难的事之一，就是单纯地去看一件事。我们的心智太过于复杂，早已失去了单纯的特质。我所指的单纯是那种毫无恐惧、直截了当地看一件事的单纯。我们要毫不扭曲地看自己的真相，我们说谎时，就承认自己在说谎，既不掩饰，也不逃避。”

克里希那穆提认为，要了解一样东西，就必须活在其中。因此，我们要面对真实的自己，就必须从自己的社会关系中去了解自己，人的性格和行为就是在社会关系中塑造和表现的。此外还应该有一颗谦卑的心，狂妄自大的人是永远看不到真实的自己的，用一颗谦卑的心去发现自己的不足，找到自己的局限，看到真实的自己，才能知道自己欠缺什么，需要什么样的成长，需要追求什么，这样的人生才能过得更有意义，才能更快乐。

12

不要和小人计较，也不要被小人利用

有一次，公司的一位总监对我说："我们给那人那么多，他一点也不感恩也就罢了，问题是稍为有点不顺他意，他要么极端利用我们的善意，要么就恨我们，这不是在养白眼狼吗？"我跟他说："小人只能看到别人的小，但绝对看不到自己的小。不要与小人计较，也不要被小人利用。"

社会上有各式各样的人。在工作和生活中，我们难免会遇到小人，小人常常想用一些伎俩来利用我们。面对小人，我们不能跟他们较真，否则就很容易掉入他们的陷阱中。

为大唐中兴立下赫赫战功的唐朝名将郭子仪对付小人可谓技高一筹，他的秘诀就是"宁得罪君子，不得罪小人"。

"安史之乱"平定后，郭子仪功高权重，但他并不居功自傲，以防小人陷害。一次他生病了，有个叫卢杞的官员前来探望。这个人用古人的话来说就是"奸臣"，而且长得丑到家了，不少人暗地里称其为"活鬼"。郭子仪听到门人的禀告后，马上让身边的人避到一旁不要露面，独自等卢杞到来。卢杞走后，姬妾们又回到病榻前问郭子仪："许多官员都来探望您的病，你从来不让我们躲避，为什么此人前来就让我们都躲起来呢？"

郭子仪笑着说："你们有所不知，这个人相貌丑陋、内心阴险。你们看到他后万一忍不住失声发笑，他一定会心存忌恨，一旦此人将来掌权，我们的家族就要遭殃了。"

郭子仪对这个官员太了解了，在与他打交道时做到小心谨慎，不轻易得罪他。

后来，这个卢杞果然当了宰相，地位升高的他终于逮住机会实施报复，把所有以前得罪过他的人统统陷害，唯独对郭子仪比较尊重，没有动他一根毫毛。这印证了郭子仪当年的先见之明。

我的一位女弟子跟我说，有个小人在害她、讹她，她气不过。我说，你这样生气，那个讹你的小人可是在背地里笑得很开心了，因为他成功了。这么多年了，你看我是怎么做的，碰到小人就绕着走。狗追着你咬，你没必要去咬它，这样你才有心情去做自己该做的事。

唐朝的诗人寒山曾请教天台山国清寺的隐僧拾得："世间谤我、欺我、辱我、笑我、轻我、贱我、恶我、骗我，如何处治乎？"拾得说："只是忍他、让他、由他、避他、耐他、敬他、不要理他，再待几年你且看他。"小人永远不能超越君子，因为术永远高不了道，也就是说技巧永远超越不了胸怀。小人可以兴一时，但不会兴一世；君子也许哀一时，但一定可以兴一世。所以，对待小人的原则就是绕道走，不与他计较。

说到小人，在现代社会，最容易遇到小人的地方可能要数商海与职场了。职场其实也是一个战场，在一些不健康的工作环境中，表面上看上去和和气气，其实暗地里有很多小人在谋划兴风作浪。要避免与小人正面交锋，其实小人也是有迹可循的。

小人特点之一：爱推卸责任。在一个工作团队里，总有那么一两个人是不爱干活，无所事事的，一旦团队的工作出了问题，急忙撇清关系，一点责任都不愿负、不敢负，使劲把责任往外推。

小人特点之二：喜欢造谣。小人的耳朵永远是竖着长的，一旦团队中有什么风吹草动，小人们马上会发挥无穷无尽的想象力添油加醋，将是非传到人尽皆知，目的就是为自己"招兵买马"，蛊惑人心。

小人特点之三：墙头草。对于小人来说，没有绝对的朋友，只有永远的利益。小人为了使自己能够长久地生存，会巴结得利者，并且见风使舵，哪边有利就往哪边跑，今天他也许跟你很好，一旦发现你没有利用价值了，明天可能就站在你的对立面了。

小人特点之四：见不得别人比自己好。看到别人进步了，自己如坐针毡。小人不会想着如何通过提升自我来战胜对手，而总想着如何加害于他人。

面对职场上防不胜防的小人，我们应该怎样与他们打交道呢？我在微博上看到有人总结了几点原则，挺有道理的，与大家分享：一是不要和小人深入交往；二是没有十足把握，不要轻率地揭发和攻击小人，否则是很容易掉入小人的圈套的；三是和小人说话要加倍小心，涉及个人隐私、对他人的抱怨和指责万不可对小人说，不然很容易成为小人的把柄；四是不要试图和小人理论，小人都是不讲理的，讲理只会浪费时间；五是坚决避免和小人有经济上的往来；六是最好不要让小人知道你认为他是小人。其实说到底，在职场中，一切以简单为原则，做自己认为对的事，与人友好相处，不在背后议论他人，不要刻意为了迎合别人而改变自己。

其实我觉得小人是真傻，因为他们是很痛苦的，君子坦荡荡，小人长戚戚，小人做的都是违背良心的事，他们也常常要提心吊胆，生怕有一天会被揭穿或遭报复。骗子也一样，当骗子成功骗到别人时，他们其实是不快乐的，因为人们之所以会上当受骗，是因为人们相信他。人们把信任给了他们，他们却用违背道德的方式来骗人们，骗子所得都不能大大方方地见到太阳，他们必须躲躲藏藏。

2012年5月，昆明市五花公安分局抓获一名打着捐钱帮人治病的旗号到处骗钱的骗子，他利用人们的爱心在医院里骗取患者家属的钱，然后逃跑。当他被警方抓住时，也承认了自己的做法很过分，骗取患者的救命钱，自己也很不安。这个骗子交代自己是因为以前被别人骗过，心理不平衡，所以才出来行骗。你看，骗子们的心理是不健康的，因为遭受过不公，就产生报复心理，将这种不良现象延续下去，最后形成一种恶性循环。这种恶现象所产生的负面影响也会围绕着骗子们，不管他们骗到了多少钱，良心的破洞都无法修补。

　　小人也好，骗子也罢，他们之所以能得逞，是因为有些人也爱计较，得失心太重，因此容易陷入他们的圈套中。要防止自己被骗，就要懂得辨识他们的嘴脸，坚持自己的处事原则，绕开他们，忽视他们，耗到他们也觉得无趣时，他们自然会消失。所以，无需动气，只需静待，且看他们自己生闷气去。

谨记：小人永远超越不了你，

因为术永远高不过道，

技巧永远超越不了胸怀。

小人可以兴一时，但不会兴一世；

君子也许哀一时，

但一定可以兴一世。

小人可以兴一时，

切不可与小人计较，

请绕道而行。

13

别人对你不好，其实是在成就你

我的一个员工，挺优秀的，有一次她跑过来跟我说，她的父母对她很不好，她很不开心。我说穷人的孩子有出息，对你不好的人其实是在磨炼你、造就你。

人生道路那么长，我们难免会遇到打击、藐视我们的人，遇到这些人，我们不应该觉得不幸，反而应该心存感激，正是这些人激发了我们的潜能，让我们用内在的力量冲破难关并变得强大。

我们总是要面对各种竞争，有竞争就有对手。俗话说，遇强则强。中国的羽毛球运动员林丹是世界高手，国际国内羽毛球比赛的大小奖项他都拿过。看看他经常遇到的对手吧：马来西亚的李宗伟、印度尼西亚的陶菲克、韩国的朴成焕等，这些人皆乃身经百战的羽坛顶级选手。我每次看林丹跟他们打比赛都很紧张，因为要赢这些对手不是件容易的事，他们往往会给林丹制造一些麻烦，但是林丹总能够化险为夷，保持高质量的竞技状态。林丹在接受采访时也常说，如果不是有这些强大的对手存在，自己也没办法保持一个高水平。

真正的强者在和对手的对抗中不断成长。我们都知道，有可口可乐的地方就有百事可乐，这两家也算是老冤家、死对头了，从最初的产品竞争，你出新产品，我也推新产品；到价格竞争，你调价我也调价，步步紧逼；再到广告竞争，你今天请来巨星推出大型广告，明天我的广告同样出街，阵容不比你弱。对于消费者来说，有时候看着两家斗法都成了一件有趣的事。可正是因为拥有强劲的对手，各自才皆变得越来越强，从原来的小品牌成长为现在的世界级大品牌。肯德基和麦当劳间的竞争也与此类似。

这就是拥有对手的乐趣和正面激发的作用。所以，当感受到来自对方的压力时，你应该觉得开心，你应该要感谢，因为你爆发的时刻到了，你成长的机会来了。

人生中，我们不仅会遇到对手，还会遇到一些跟我们没有竞争关系、却同样会给我们造成压力的人。有时候你可能会遇到一个十分严厉的上司，他对你的工作要求非常高，对你的工作百般挑剔，很多事情你完成了还是会被挑出毛病，让你改了又改，会批评你，会骂你，每次工作被打回重做的时候你可能会很泄气，你会觉得自己干不下去了，想跳槽走人。

这个时候，我给你一个忠告：千万不能轻易说离开，因为你承受的压力越大，你得到的锻炼和教育就越多，你的收获也会是最多的。我们说严师出高徒，只要他的人品不坏，对事不对人，你应该感谢自己遇到这么一位"师傅"。

有这么一个真实的故事。小李和小张同时加盟了一家管理严苛的企业并任客户经理，之前习惯了自由散漫的他们，很快感到不适。他们没有调整自己的心态，去习惯这种企业文化，而是异口同声地抱怨：抱怨经理要求太苛刻，抱怨压力太大，抱怨收入太低。但大家都忙于埋头做事，没人理会他们的絮叨。终于有一天，小李对小张说："咱们撤吧，爷不想在这破地方待了。"小张说："好啊，但咱们就这么离开实在有些窝囊。"小李嘿嘿一笑说："那咱们搞点小破坏？"小张深思了一会儿回答说："咱们不如一起再在这里待上三个月，花点心思和精力争取一些新老客户到自己手里，这样到时候咱们离开，将这些客户带走，这才能戳中老板的痛处。"小李连声叫好。

一个月过去了，小李觉得好漫长。他仍然还像以前一样每天有一搭没一搭地工作，拉客户也努力过，但效果甚微，他并不在意。而小张却从第一天开始就像换了一个人一样，变得勤奋、谦逊、好学，一个月内他做成了七个大单，十来个小单。到第三个月的时候，他已经是企业里的业务骨干了。甚至他的同事负责的一些客户，也点名希望以后和他对接。而小李呢，三个月中也做了几个小单——大都是部门经理转给他做的。

三个月结束的时候，小李迫不及待地对小张说："哥们儿你行啊，大客户全攥在你手里了，现在咱们可以离开了吧。"小张接下来的回答却让小李大吃一惊："兄弟，我不想离开了。这三个月做成这么多单子事小，重要的是让我发现了自己性格中的弱点，并及时去修正和弥补它。经理开始对我重新好起来，还要提拔我。我们一开始有那么多抱怨，是因为'吃不到葡萄说葡萄酸'。你想成为什么样的人，不管什么时候开始，都不算迟。我和你的约定让我憋了一口气在三个月中改变了自己。"

小李悻悻地离开了。他体会不到小张的蜕变和心境，甚至觉得小张欺骗了他。于他而言，他错失了一次改变自我的好机会。

回过头去想想你的学生时代，对那位最严厉的老师你肯定是记忆最深刻的，当年他可能骂过你，罚过你，看起来对你很不好，但你却牢牢记得他，因为他是个负责任的老师，骂你是为了把你骂醒，罚你是为了让你找到正确的方向。

逼着你变得越来越坚强的人，往往都经历过一些苦难。试着和这些人交谈，你会发现，他们的生活态度往往很积极，几乎不会抱怨过去，提起过往遭受的磨砺，他们的眼神坚定。因为苦难让他们成长了，苦难对他们来说是一笔财富。

江苏卫视的主持人孟非大家应该都很熟悉，主持功底不赖，也非常受观众的喜爱。但不要只看到他在荧屏上很光鲜的样子，其实他的成长经历充满了艰辛。

高中毕业成绩不理想的孟非落榜了，插班复读也被拒绝了，于是孟非就和朋友们来到深圳打工，找工作不断碰壁，最后寻到一份搬运工的差事。干了一个月之后，他离开深圳返回南京，找了一份当报纸印刷工的工作，因为这份工作可以免费看报纸，尽管工作量非常之大——在不分昼夜的连续3天工作时间里，每10个小时，他才能休息一次，时间仅为1个小时。而且流水线工作要求他们动作飞快，稍微慢一点就会影响下一个步骤，就会遭到班长的责骂。孟非当然不想一辈子待在这个地方工作，便参加了成人高考，每天利用工作之余的时间抓紧学习，实在熬不住了，就把头浸在冷水里提神。然而，由于工作加上学习这种高强度的生活影响了休息，有一次工作时孟非太累了，一不留神，取报纸的时候手竟被机器卷压进去了。后来因为抢救及时，孟非的手保住了，但是由于事情造成不好的影响，他的饭碗丢了。

变成无业游民的孟非在街上打打杂工，有一次他看到电视台招接待员，身强体健的他顺利被录用。他当然不愿意一辈子打杂，他想当记者。于是后来完成了两年的函授学习后，又回到电视台，跟在记者们身边学习，勤奋刻苦的孟非一点点地做出成绩，领导开始把大一点的任务交给他。1996 年，孟非作为总摄影参与拍摄的 26 集专题片《飞向亚特兰大》在全国长篇电视专题片评比中荣获二等奖，他终于转成正式记者。他哭了，在日记中写道："苦难中积聚的力量正一步步地把我引向成功。"

接下来孟非的事业一帆风顺，从记者到主持人，孟非也大胆地尝试了转型并取得了不俗的成绩。2011 年，不惑之年的他出版了一本名为《随遇而安》的书。于他而言，他从来都在与命运抗争，"随遇而安"四个字准确来说应该理解为他在每一个阶段干每一件事情时都能全心全力做到最好。有人说他主持《非诚勿扰》太风光、太成功了，而孟非付之一笑："我只是在这个阶段的时候走过了这样的历程，台里让我干什么我就干什么，现在（如果）台里让我不要主持《非诚勿扰》而去主持另外一档节目，我立刻就去。"

古圣人孟子曾说："天将降大任于斯人也，必先苦其心志，劳其筋骨，饿其体肤，行拂乱其所为，所以动心忍性，曾益其所不能。"要出人头地，干出一番事业，必然要经历苦难之磨炼。所以，从今天开始，感谢那些骂你、打你、阻碍你的人吧。

我要战胜对手，从来不用打斗方式，而是用向前跑的方式。

把藐视我者、嘲笑我者、诽谤我者、忌妒我者、欲害我者、欲笑我者远远甩在后面，这是对他们最大的打击。

14

多欣赏和学习别人的优点

有一次家里吃西瓜，女儿挑了其中不太熟的一块吃，我在一旁感慨说，这姑娘已经懂得"孔融让梨"了。家人却认真起来，否定我说，她只是喜欢那一块的形状，我却不以为意。把普通的事美好化，把不美的事美好化，世界在你的内心就会美好化，你就会很快乐。

春秋时期，管仲少时家里很穷，早年曾和好友鲍叔牙一起做些小买卖。管仲出的本金较少，可是年底他拿到的分红比鲍叔牙多。鲍的手下骂管贪得无厌，鲍则替管辩解说，他家里人口多，开销大，我愿意让给他。管仲带兵胆小怕事，手下士兵不满，而鲍叔牙却说，管仲家有老母，他为了侍奉老母才爱惜其身，并不是真的怕死。鲍叔牙百般袒护管仲，是因为他知道管仲是个不可多得的人才，只是还没有机遇施展。管仲知晓后感叹道："生我的是父母，了解我的是鲍叔牙啊！"他们后来成了莫逆之交。管仲在鲍叔牙的极力推荐下，成了齐国宰相，帮助齐桓公成为春秋五霸之首。

鲍叔牙懂得欣赏管仲的好，连齐桓公的重用都能让给管仲，可见鲍叔牙的胸怀有多宽广。管鲍之交是历史上一段佳话，正是因为他们懂得相互欣赏，才能成为这么真挚的好朋友，收获了一段珍贵的友情。如果鲍叔牙也像他的手下一样，只看到管仲的"贪财"和"怕死"，那他们肯定做不成朋友了。

其实，不只是鲍叔牙有这样的胸怀，历史上的很多伟人，也都抱有这样的宽容之心的。美国总统林肯，冲破重重障碍，终于登上总统宝座时，他没有一个个地去打击竞争对手们，反而将原先的死对头任命为部长。林肯的幕僚们很是不能理解。林肯耐心解释道："把敌人变为朋友，既消灭了一个敌人，又多了一个朋友，这样有什么不好？"

对林肯来说，哪怕是竞争对手，哪怕是死对头，只要其身上有长处，就应该学习。那些只关注别人缺点的人，就如苍蝇只盯人发炎之处。每个人都有缺点，既然你有缺点，你就要包容和允许他人也可以有不足。懂得多看别人的好处，既可以使自己得到快乐，有时候还可以鼓励和帮助别人。

台湾作家林清玄一次进到一家饭馆，饭馆老板问他："您还记得我吗？"林清玄说："记不起来了。"老板拿出了一张20年前的旧报纸，上面有一篇林清玄写的文章，结尾写道："像心思如此细密，手法如此灵巧的小偷，做任何一件事情都会有成就的吧？"这位老板就是当年的那个小偷，因为林清玄的话感动了他，他从此不再盗窃，走上正道。他也一直收藏着这张旧报纸。

虽然遭遇小偷，但是林清玄能从另一个角度去看待，不料却感动了小偷，无形中引导他回到正途，这便是"欣赏"之力量的一种体现。

同一片风景，有人觉得美，有人觉得丑；同一个人，有人觉得是好人，有人觉得是坏人。每个人看世界的眼光都不一样，所以才有"一千个人眼中有一千个哈姆雷特"之现象。但是，我想，如果你想让自己的生活多一点快乐，多一点阳光，就应该用积极的眼光去看待身边的人和身边的事。多欣赏外界的好，对一个人的心灵也是一种净化。

说到多看看别人的好处，还要提醒大家，可能很多人会觉得自己的父母对自己很严厉，总是责骂自己，特别是一些年轻人，可能会讨厌自己的父母，甚至因此而顶撞父母，离家出走。其实，他们只看到了父母严厉的一面，却不想想父母为什么这么严厉对待他们。"爱之深，责之切"，从古到今，在中国的家庭教育里，这是一个很普遍的现象。很多子女现在不理解父母，埋怨父母，但是等到他们成熟懂事了，还是会感恩父母。

我小时候也经常挨打，因为我很调皮，但是我现在最感谢我的父母，感谢他们对我严格的教育。台湾已故的著名企业家王永庆也是一位严父，他的长子王文洋说自己从小到大，从念书到参加工作，父亲待他很严，不给他任何"特权"。他的祖父曾出资帮他父亲买米厂当老板，他却从来没有从父亲那里得到相同的待遇。1995 年，王文洋退出台塑集团，自行创立宏仁集团，2007 年台湾的第三势力一度有意推举王文洋独立参选"总统"，外界认为王文洋虽然没有台塑集团的支持，仍然很具实力。王文洋说，自己能做出成绩要归功于父亲对他的严格要求。

中国台球界有位女将叫潘晓婷，一次她接受媒体采访时亦谈到严格的家庭教育。她说小时候练球很苦，一天最多要练球 12 小时，有时候放学了，看着同学回家休息或出去玩，很是羡慕，但她只有练球的份。她的父亲总是说："你苦，有比你更苦的，你练 12 小时，还有练 13 小时的，如果你不努力你就被人赶超，只要你还喜欢台球，就要坚持，没（别的）办法。"

年轻人做事容易冲动，总是对抗父母的"管制"，嫌父母唠叨。我小时何尝不是这样。后来我有时回忆起年少之事，觉得有些事做得真是幼稚可笑，但那时自己浑然不知。所以我奉劝现在的年轻人，有些事别太偏强，你现在不懂只是你还没到年龄，但你一定会成熟，到时，你就知道你错了。最烦你的那个人，也许是这个世上最爱你的人、对你最负责任的人。说爱你的人不一定爱你，不说爱你的人，也许爱你最深；说一定要跟你过一生的人，也许跟你过得最短，而从来不说的那个人，也许对你最真。其实骂你去死的那个人，可能最想你过得幸福！

当你觉得自己总是看身边的人不顺眼的时候，当你觉得父母对你说的每一句话都那么不顺耳的时候，不妨让自己冷静一下，尝试着换一个角度，去发现他们的好，欣赏别人真诚的一面，尝试着站在父母的角度去思考：为什么他们要这样教育你？倘若有一天你也为人父或为人母，你还会认为他们的方式是错误的吗？

罗丹大师的名言"生活中从不缺少美，只是缺少发现美的眼睛"，运用到人与人相处之事上也很适用。请尝试着改变自己，敞开心扉去欣赏别人吧！

林肯当上总统后，任命一位竞选时的死对头当部长，别人不解，他说：「我任命他为部长，减少了一个敌人，增加了一位朋友，何乐而不为呢？」

15

绑在螃蟹身上的草绳，都认为自己值 60 元一斤

现在有很多人都特别看得起自己，总把自己太当回事，譬如一些富二代和官二代，自己根本没为这个社会作出多大贡献，却总是仗着老爸或干爹的地位，以为自己有多了不起。他们就像是绑在螃蟹身上的草绳，认为自己也值 60 元钱一斤。

清华大学吴维库教授讲过一则寓言。有一只骆驼，辛辛苦苦穿过了沙漠，一只苍蝇趴在骆驼背上，一点力气没花也走过来了。苍蝇讥笑说："骆驼，谢谢你辛苦把我驮过来，再见！"骆驼看了一眼苍蝇说："你在我身上的时候，我根本就不知道，你走了，也没必要跟我打招呼。你根本就没有什么重量，别把自己看得太重，你以为你是谁？"

在生活中，很多人都容易犯苍蝇这样的毛病，自以为是，爱炫耀。微博上因为过度炫耀而给自己招来"麻烦"的事件已不少，网友们称为"×美美"的那几起事件，皆为中国丑陋的炫富文化的典型案例。

当年法国财政大臣富凯为了博得国王路易十四的欢心，显示自己的权势，特地在自己的私人城堡策划了一场奢华的宴会，雇用最有名的建筑师设计城堡，邀请最有名的艺术家为他的宴会出谋划策。据说，富凯的城堡气派超过了当时法国任何一座宫殿，整个城堡从购买到装修花费达到了 900 万利弗尔，而当时国王路易十四都掏不出这样的巨款。国王路易十四和其他大臣、权贵们都参加了这次宴会，富凯当时可是荣光满面，得意洋洋。整场宴会的节目也是精心安排，所有表演的嘉宾都是当时最顶尖的，这场豪华宴会也堪称顶级水平。然而，在富凯的

豪华城堡中，路易十四发现了两样东西使之愤怒。一个是富凯家的松鼠雕塑的底座题词：何处高枝我不攀？还有一个是富凯家中竟然有路易十四的情妇路易斯·拉瓦利埃小姐的画像——富凯收买了国王的情妇。路易十四回到宫中之后，就下令调查富凯，经过两年的证据收集，富凯腐败的事实一一被揭露，路易十四命令御林军大臣将富凯逮捕，富凯的余生只能在监狱中度过。

这就是过分炫耀的下场，能力强的人自然会得到重用，真正聪明的人是不会干这么愚蠢的事的，自以为是的人最容易得意忘形，树大招风，当然也就最容易失败。"当夜幕开启，富凯攀上了世界的顶峰。等到夜晚结束，他跌落到了谷底。"这就是富凯的真实写照。

我们常说，高调做事，低调做人，不摆架子，这样的人才真正能受到别人的尊重。

还有这样一个故事。在一个晴朗的夏日，一个脏乱的火车站候车室内，坐着一位衣着随便、满脸疲态的老人。火车进站，老人起身向检票口走去。忽然，候车室外走来一个胖太太。她提着一只很大的箱子，显然也要赶这趟列车。可箱子太重，她累得直喘粗气。

她看到那个老人，便冲他大喊："喂，老头，快给我提箱子，我待会儿给你小费！"

老人拎过箱子就朝检票口走，虽然看起来他是那么的不堪重负。

火车慢慢启动了。胖太太抹了一把汗，庆幸地说："要不是你，我非误车不可。"说着，掏出一美元递给老人。

老人并不推辞，微笑着伸手接过。

这时，列车长走了过来，对老人说："您好，尊敬的洛克菲勒先生，欢迎您乘坐本次列车。如果有需要帮助的地方，我很乐意为您效劳。"

"谢谢，不用了，我只是刚刚做了一次为期三天的徒步旅行，现在我要回纽约总部。"老人客气地回答。

　　"什么？洛克菲勒？"胖太太惊叫起来，"上帝，我竟让石油大亨洛克菲勒先生给我提箱子，居然还给了他一美元小费，我这是在干什么啊！"她忙向洛克菲勒道歉，并诚惶诚恐地请洛克菲勒把那一美元小费退给她。

　　"太太，你不必道歉，你根本没有做错什么。"洛克菲勒微笑着说道，"这一美元是我挣的，所以我收下了。"说着，洛克菲勒把那一美元郑重地放在口袋里。

　　洛克菲勒是多么有名的企业家和超级富豪，但是他并没有把自己看成什么大人物，只是坐普通的车，当普通的乘客，举手之劳，顺手帮别人一个小忙。

　　相比之下，那些太把自己当回事的人，总以为自己与众不同、高人一等，其实他们就像是打了气的充气公仔，看上去很大，很有气势，但是只要一被轻轻戳破，就会一下子跌落在地。而且这样的人还会过分在意别人的看法，对很多事都爱斤斤计较，对别人的反应特别敏感，所以一旦他看清现实，就会感受到巨大的落差和失败。

　　我们说不要太把自己当回事，并不是要大家贬低自己，而是要正确地认识和看待自己，把自己摆在恰当的位置，人既不需要妄自菲薄，也不能过分抬高自己。只有用平常心看待自己，把自己放在恰当的位置，用合适的眼光去看待这个世界，人才能不断进步和成长。倘若自己取得一点小小的进步便飘飘然，这样的人很快就会被风吹走，烟消云散，没有人会记得他。

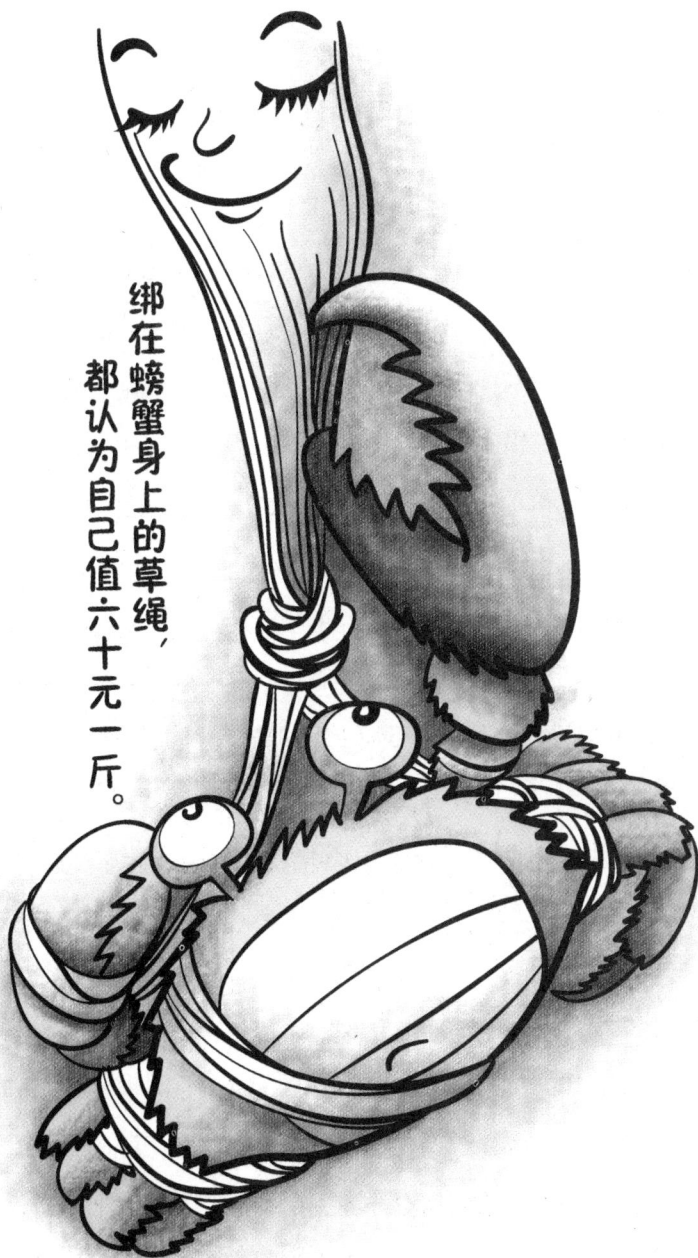

绑在螃蟹身上的草绳，
都认为自己值六十元一斤。

16

我们为何会骄横

近些年，"骄横"这个词大概可以入选民间高频词汇了吧，现实为我们呈现了各种版本的骄横之人和骄横之事。看过那么多的报道，不禁让人感叹，这个社会怎么了？

2011 年 6 月 20 日前后，沈阳市沈河区工商局原局长杨晓松，因自己家人的面包房卖发霉粽子被媒体披露，他的妻子假其官威到报社大闹，追打记者，随后，还打电话告诉杨晓松，说自己在报社被人欺负。杨晓松立即出动，到报社找写这条新闻的两名记者"单挑"。

杨晓松成为媒体和网民关注焦点的原因还不只打人这一项。据媒体调查，杨晓松的妻子和儿子所开的面包店沈阳太原街店一次性投资在 500 万元以上。身为一名公务员，年薪也就在 10 万元上下，杨晓松在儿子大学毕业没多久就投巨资助其创业，这笔资金来源值得商榷。而且，这家面包店是在 2008 年注册的，当时杨晓松担任于洪区工商局局长，还不是中心城区沈河区工商局局长。

杨晓松大闹报社的骄横行为显然不是一天两天就形成的，想必是其在担任各级工商局局长的历程中，随着职位的不断上升、权力的不断膨胀而逐步积累的。人为什么会骄横呢？是因这个人有制约他人的权力、别人又有求于他，而被人捧、依、顺出来的。其实，人们"恭敬"这个人，并不是因此人的人格，而是别人有求于他的那个权力。

中国人的骄横也是有"历史传统"的，从古到今不乏骄横跋扈之人，这个人群中，占比最大的要数官员和富人，权和钱是他们骄横的资本。雍正年间，大将军年羹尧在平定边疆战事中立下赫赫战功，曾得到雍正的特殊宠遇，但高官显爵集于一身的年羹尧倚仗自己的地位变得骄横跋扈。在官场，他自恃功高，趾高气扬，赠送物件给下属时，要求对方要北向叩头谢恩；经常把同级官员视为下属；甚至蒙古扎萨克郡王额附阿宝见他，也被要求行跪拜礼；对朝廷派来的御前侍卫，把他们当奴役使唤；在雍正面前也常常举止失仪。他同时是个很注重培养私人势力的人，一旦有什么重要官职一定会安插他的亲信担任，他还借用兵之机，虚冒军功，让他的家奴桑成鼎、魏之耀分别当上了直隶道员和署理副将的官职。官场上一些趋炎附势的人看见年羹尧势头这么好，纷纷奉承他，用名贵古玩、珠宝贿赂他。

但骄横的人总是没有好下场的，面对年羹尧的骄横行为，雍正也越来越不满，最后列出 92 条大罪，并赐他自尽，他的亲人也被发配边疆。从一代功臣到最终身败名裂，家破人亡，骄横跋扈让年羹尧葬送了自己。

在现在的中国社会，我们还是能看到很多霸道骄横的行为，尤其是"富二代""官二代"之骄横常常充斥着我们的视野。"我爸是李刚""我爸是县长"这样的"经典口号"我们已经屡见不鲜，所以网友们都讽刺"这是个拼爹的时代"。

2011 年 9 月，歌唱家李双江 15 岁的儿子无照驾驶宝马，无故打伤一对夫妻致对方头破血流，还大喊"谁敢打 110""谁报警就跟谁没完""抓了也不能怎么样"等，一时间成为媒体的又一焦点。未成年人、无证驾驶、打人，满口嚣张气焰，令人咋舌。俗话说，养不教，父之过，孩子的性格和处事作风最直接受到的影响来自于父母，这些孩子的父母必定缺乏对他们的教育，而且是非常基本的素质教育；更进一步看，我们常说父母是孩子的榜样，这些孩子会做出这样的行为，想必他们的父母也强不到哪里去。

同样是对"富二代"的教育，我们不妨看看美国人是怎么做的。美国加州圣玛利学院英文系教授徐贲曾写过一篇文章，介绍了美国"富二代"的价值观教育。他提到了一个美国家庭，夫妇是律师，有 4 个从上小学到上高中的男孩。这家人的房子很大，有游艇和私人飞机，非常富有。有一次，父母两人出外度假，临走前在家里的大冰箱里为留在家里的 4 个孩子放好一模一样大小的 4 份食物，不分大小，每人一份。而且，还给他们每人分配一份工作，修整草地、洗游泳池、清理厨房、厕所等。这 4 个孩子，大的食物不够吃，小的吃不完。大的向小的要，小的就以代做自己那一份家务为交换条件，把吃不完的食物分一些给大的。

徐贲说，这种日常的生活行为体现了美国家庭很典型的价值观教育。第一是平等，父母分配食物，4 个孩子无论大小，每人都是一个样的一份。第二是财产观，每个孩子分得一份，那就是属于他的。如何支配这份财产是他自己的事情。第三是理性协商，大孩子不够吃，不能恃强凌弱，到小的那里去抢。他要取得额外的食物，就必须通过他们彼此认可的公平交易向小的去交换。这种交换是理性的，而孩子则懂得讲理，能够运用这种理性。这种教育也被称为洛克儿童道德教育，让他们知道自己的自我利益，并在理性的自我克制中去理解自我利益。

而反观国内的富裕家庭对孩子的教育，他们拥有比贫穷的家庭更好的资源和条件，这本是一些优势，但事实是，这些优势反而成为他们炫耀和骄横的资本，长此以往，这些孩子的成长之路令人担忧。

另一方面，在这些不断暴露的事件面前，我们不禁思考，为什么这些人可以仗着权势横行霸道？我们这个社会充满了矛盾，人们一只脚踏在追逐钱权势的路上，一只脚又愤怒地想踢走这些人。在中国社会中，有钱有权有势的人是少数，但他们占有大多数的社会资源，而对这个群体的行为我们是缺乏监督和控制的。社会学教授孙立平在《中国社会正在加速走向溃败》一文中提到，当前中国社会溃败的最核心表现是权力的失控，权力成为不但外部无法约束而且内部也无法约束的力量，在这种情况下，潜规则盛行于社会，甚至成为基本的为官为人之道。

做人就如跷跷板，一头高了另一头就必须低，一方面高调了，另一方面就要低调。

否则，跷跷板就会折断，人就会跌落到地上。

17

人贵在有自知之明

做人应该诚实，不仅要对别人诚实，更重要的是对自己诚实，诚实地面对自己，了解自己。对很多人来说，了解别人也许不是一件难事，但了解自己，却是一门很深的学问。

两千多年前，在古希腊的德斐尔神庙的墙壁上，写着圣贤的箴言，其中一句是"认识你自己"，这也被古希腊哲学家苏格拉底所推崇和研究。苏格拉底认为，认识自己应该从区分好与坏、善与恶这些理念入手，要"照顾自己的灵魂"，经常自我反省。曾子曾说，"吾日三省吾身"，要通过不断的反省来了解自己。

人贵在有自知之明，认识自己，了解自己的性格、优点、缺点，可以帮助我们找准自己的位置，也看清身边的人和事。很多人都喜欢听好听的话、赞美的话，但有些人容易活在别人的赞美声和奉承声中不能自拔，以为自己真的如他人所称赞的那般优秀。了解自己的人，清楚自己的能力，也认识到自己的短板，不会轻易接受他人的阿谀奉承，听到好听的话，会根据自身的情况判断真假。

有这么一则典故。战国时期，齐威王的相国邹忌长得相貌堂堂，身高八尺，体格魁梧。与邹忌同住一城的徐公也长得一表人才，是齐国有名的美男子。一天早晨，邹忌起床后，穿好衣服、戴好帽子，走到镜子面前仔细端详自己。他觉得自己长得的确无人能及，于是随口问妻子说："你看，我跟城北的徐公比起来，谁更漂亮？"

他的妻子回答道："您长得多帅气啊，那徐先生怎么能跟您比呢？"

邹忌心里不大相信，因为住在城北的徐公是大家公认的美男子，自己恐怕还比不上他，所以他又问他的妾，说："我和城北徐公相比，谁漂亮些呢？"

他的妾连忙说："大人您比徐先生漂亮多了，他哪能和大人相比呢？"

第二天，有位客人来访，聊天时，邹忌又问客人说："您看我和城北徐公相比，谁漂亮？"客人毫不犹豫地说："徐先生当然比不上您。"

尽管做了三份"问卷调查"，但邹忌并没有就此沾沾自喜。过了一天，城北徐公到邹忌家拜访。邹忌第一眼就被徐公气宇轩昂的形象给镇住了。当天晚上，邹忌躺在床上，反复地思考着这件事：为什么妻、妾和客人都说我比徐公漂亮呢？原来这些人都是在恭维我啊！他豁然开朗："妻子说我美，是因为偏爱我；妾说我美，是因为害怕我；客人说我美，是因为有求于我。看起来，我是受了身边人的恭维赞扬而认不清真正的自我了。"

自知者明，邹忌的自知使他在他人的恭维声中能仍保持清醒。每个人都应该有这一份自知和清醒，尤其是在现在浮躁的社会中，很多人把无知当个性，把肤浅当时尚，把缺陷当借口，把愚蠢当荣耀。也正因为有很多人没有这份自知之心，没有找准自己的位置，没有坚持的原则，我们看到，很多人丢了一颗敬畏之心，缺乏约束和监督使得整个社会的矛盾正在以各种形式激化。

南宋著名理学家、思想家朱熹说："君子之心，常怀敬畏。"敬畏应该是一种人生态度，每个人都应该怀有一颗敬畏之心。敬畏什么？孔子说："君子有三畏：畏天命，畏大人，畏圣人之言。"放在现代，人应该敬畏自然，敬畏生命，敬畏法律和社会道德。

2010年我国甘肃舟曲发生的特大泥石流灾害夺去了很多同胞的生命，在哀悼生命消逝之余，我们不得不反省：人类在追求经济发展的同时，对自然和生态环境的破坏变本加厉，这是大自然再一次向人类予以惩罚。舟曲泥石流灾害虽称是由于汶川地震导致山体松垮和强降暴雨导致的，但究其根本原因，是由于当地为了发展经济，过度砍伐树木，造成了严重的水土流失，汶川地震和强降水只不过是导火索，加速了灾难的爆发。这是因为人类对自然缺乏敬畏之心，总是错误地用"人定胜天"的想法无休止无限度地利用和改造大自然。如果我们不重拾对大自然的敬畏之心，人类最终会被自己的愚蠢行为造成的恶果所吞噬。

人应该敬畏生命，有敬畏之心的人懂得尊重每一个生命。近年来频频曝光的食品安全问题反映出来的正是这些黑心企业和相关监督部门对民众生命的不尊重。厦门大学教授易中天曾说："你若问当下中国缺什么，我看最缺底线。"

底线的沦陷很可怕。比方说，腐败变质的食品，也敢卖；还没咽气的病人，也敢埋；自己喝得五迷三道，那车也敢开；明明里面住着人，那房也敢拆。还有"共和国脊梁"这样的桂冠，也敢戴，全不管那奖多么野鸡，多么山寨。

如果一个人不敬畏生命，他就可能杀人放火；如果一个社会不敬畏生命，那么每个人每天的生活都会是胆战心惊的，因为你不知道什么时候会被伤害。敬畏生命，本应是人与生俱来的素养，但在今天高速发展的社会中，对权力和财富的畸形追求已经蒙蔽了很多人的心。同时，我们也看到，这些没有敬畏之心的狂妄之人都注定失败，都没有好的下场。

自知之明让人清醒不迷失，敬畏之心让人珍惜不妄为，这本来就是人性应该具备的两个基本的素养，每个人都应该坚守。有句话说得很精辟："宁可装傻，也不要自作聪明。宁可辛苦，也不要贪图享乐。宁可装穷，也不要炫耀财富。宁可吃亏，也不要占小便宜。宁可平庸，也不要沽名钓誉。宁可自信，也不要盲目悲观。宁要健康，也不要功名利禄。宁可勤奋，也不能无所事事。"

当别人都在特别恭维你、
特别奉承你、
特别忍顺你、
特别捧扬你，
而你又乐于此时，
有可能你已是别人心目中
的奸诈小人、
作恶坏人和愚蠢的领导者，
因为大多数人
都会不去得罪
小人、恶人、蠢人。

18

得到其实并不快乐

有这么一则故事：

有一年的圣诞节，保罗的哥哥送给他一辆崭新的高档跑车作为圣诞礼物，这可是保罗梦寐以求的。他开着跑车到处兜风，吸引了无数路人羡慕的眼光。

这一天，保罗从他的办公室出来时，看到一名小男孩在他闪亮的新车旁走来走去，不时地用手摸摸这，摸摸那，满脸都是羡慕的神情。

保罗饶有兴趣地看着小男孩，从他的衣着来看，他们不属同一个阶层。就在这时，小男孩抬起头，发现了保罗，于是说道："先生，这是你的车吗？"

"是啊，"保罗无比自豪地说，"这是我哥哥送给我的圣诞礼物。"

小男孩睁大了眼睛："你是说，这车是你哥哥送给你的圣诞礼物，而你却不用花一分钱，对吗？"

望着表情惊奇的小男孩，保罗觉得很可笑，但他还是礼貌地向他点点头。

小男孩叫道："哇！太棒了，我也希望……"

保罗自信地认为他知道小男孩下面想要说什么。他肯定要说，他希望也能有这样的一个哥哥。但是小男孩说出的话让保罗吃了一惊："我希望自己也能成为这样的哥哥。"

保罗深受感动，他开始喜欢这个小男孩了。于是，便问他："小伙子，愿意坐我的车兜风吗？"小男孩欣喜万分地答应了。

逛了一会儿之后，小男孩突然转身对保罗说："先生，能不能麻烦你把车开到我家门口？求你了。"保罗微微一笑，他理解小男孩的想法：坐一辆大而漂亮的车子回家，在小伙伴面前的确是件神气的事情。但让保罗意想不到的是，这次他又猜错了。

"麻烦你停在两个台阶那里，等我一下好吗？"小男孩跳下车，三步并作两步跑上台阶，进入屋内。

不一会儿，他又出来了。不过他带着一个小男孩，那应该是他的弟弟，因患小儿麻痹症而跛着一只脚。他把弟弟安置在下边的台阶上，紧靠着坐下，然后指着保罗的新车子对弟弟说："看见了吗？很漂亮，这是他哥哥送给他的圣诞礼物，他不用花一分钱！将来有一天，我也要送你一部这样的车子。"

保罗的眼睛湿润了。他走下车子，将那位腿脚不便的小弟弟抱到车上。他的哥哥眼睛里闪着喜悦的光芒，也爬了上来。于是三人开始了一次令人难忘的假日之旅。

在这个圣诞节里，保罗明白了一个道理：给予比接受更令人快乐。

虽然这个小男孩还没有能力送给弟弟真正的跑车，但是小小年纪，他已经拥有一颗乐于给予的心，有这样一个疼惜自己的哥哥，弟弟固然是很幸福的，但我认为这个懂得给予的小男孩其实更快乐、更幸福，因为给予永远比接受更快乐。

感觉不幸福的人，其实是不知感恩，实际上对他好的人很多，而他却视为理所应当。感觉不快乐的人，其实是缺乏责任，以为得到才是快乐，其实他不知道，付出和利他才是快乐之源。就如要饭的不会感恩施舍者，而真正快乐的是施舍者。如果你老觉得对不住别人，亏欠别人什么，没尽到责任，其实你很快乐，也很容易成功；如果你总觉得是别人欠你的、少你的，总是对你不够好，你看似快乐，其实活得很苦恼，因为你只懂得索取，而不知道付出，就无法享受给予的快乐。

如果你不相信我的说法，你可以尝试着去给予，给朋友送一样东西，给陌生人一点小小的帮助，看看你是否也能感受到这种给予的快乐。

给予、分享、帮助他人比接受更快乐，这其实是根植于人类的本性的，也可以说这是人类与生俱来的本能。英属不列颠哥伦比亚大学三名心理学家做了一项研究，在研究中，他们让几名参与研究的幼儿都拥有自己喜欢的东西，比如饼干。研究人员引导幼儿们将其中一些东西分享给玩偶，并操纵玩偶"吃"掉饼干，而后让玩偶"发出"快乐的声音。通过几次反复的实验，两岁以下的幼儿在分享喜爱之物时比他们获得这些物品时更快乐。而当这种分享的喜爱之物属于孩子所有时，他们的快乐情绪会更加强烈。也就是说，给予、与人分享就会感到快乐是人类从幼儿时期，甚至更小的时候就已经具备的情感。

除了自身的感受，我们的快乐应该还来自自己的行为对对方的影响。当我们给予别人一些东西，或者帮助别人时，我们的行为给对方带来了益处，也许是帮助对方解决了一些难题，比如在出现灾难时救援、捐帮受灾人员脱离危险、重塑生活；比如城市中各个角落的义工和志愿者，帮助孤寡老人照料生活起居、驱赶孤独；比如敬业重道的师长，帮助后辈排忧解难、扫除迷茫；等等。当我们发现别人通过我们的帮助，变得不再需要四处流浪，不再被孤独感环绕，不再眉头紧锁、脚步迟疑，他们变得快乐了，而这种快乐也感染了我们，传递给我们，我们再次收获了一份快乐。

有一句话叫做"授人以鱼不如授人以渔"。诺贝尔和平奖获得者、孟加拉国银行家尤努斯被称为"穷人银行家"，他选择了一种可持续性的方式来帮助别人：创办格莱珉乡村银行，为孟加拉国的穷人提供贷款。乡村银行把钱借给最贫穷的人，而且大多数是妇女，借钱不需要抵押，不需要担保。因为尤努斯发现，当地很多妇女都有为自己和家庭摆脱困境的想法。

苏联文学家高尔基曾告诉他的儿子，"给"永远比"拿"愉快。如果你还没有体会到那种付出、奉献的快乐，那就赶快从身边的一点点小事做起吧，去体会一番"你快乐所以我快乐"的特别感受吧。

19

世上最伟大的力量，是责任感和爱

有一次我和太太本来要去参加楷模管理学院学员的毕业晚餐，但是突然接到 4 岁女儿的电话，说很想我们！我们两个都无法抗拒，不约而同地决定回家。

我在外地培训的时候，培训一结束，就会想马上飞回家陪女儿。随着年龄和阅历的增长，自己的身份也越来越多，自觉肩上的责任也越来越重。看到女儿，就想着要给她好的教育，让她健康成长；看到太太和父母，就想着要让他们幸福快乐；看到员工，就想着要让员工的职业有更好的发展；看到顾客，就想着要做一家有责任感的优秀企业。虽然肩膀上的担子似乎越来越重，但这份重量在我看来就是一股伟大的力量，一直在督促着我向前。责任感和爱，是世界上最伟大的力量，是一个人、一家企业最基本、最不能缺少的内在品质。

做人要有责任感，有责任感的人是受人喜爱和尊敬的。因为有责任感的人，他们的人格是为公的，很多事情都会为了集体、为了团队着想，做事比较能顾全大局。这样的人，有时候看起来就是老老实实，好像傻傻的样子，其实他们不傻，只是计较得少；这样的人，是能吃亏、肯吃亏的人。不要以为吃亏的人傻，吃亏是一种睿智的表现，现在吃一点亏，是为了将来能取得更大的成就。

20 世纪初，有一位叫希尔的美国人因为一次工作关系去采访当时的钢铁大王安德鲁·卡内基，卡内基很欣赏希尔的才华，于是跟他讨论起一份要从事 20 年，但没有薪水的工作——用 20 年的时间研究美国的成功人士，并给出一个答案。希尔接受了这份工作。看起来，希尔是吃了一个大亏，20 年免费为对方打工，但其实，这一次的吃亏促成了希尔后来的大成功。在此后的 20 年，希尔走遍美国，拜访了美国 500 位成功人士，最后写出震惊世界的《成功定律》一书，希尔也因此成为美国享有盛誉的学者。后来，希尔还成为美国总统伍德罗·威尔逊和富兰克林·罗斯福的顾问。

当年的希尔看似吃了大亏，实际上是做了一个非常明智的决定。能吃亏的人并不傻，反而是聪明的，有远见的人。

有责任感的人基本上都是拥有优良人品的人。俗话说，患难见真情，患难其实也能见人品。大家还记得 2008 年汶川地震中的"范跑跑"吧，为什么他被那么多人骂？因为地震发生时他第一个逃跑，把学生们放在一边不管，没有尽到做老师，甚至做人的基本责任。而有责任感的人不会如此自私，责任感在职业人身上体现出来的便是职业道德，这种职业道德使得他们成为有价值的人。

有一个小男孩被安排去参加话剧《圣诞前夜》的演出，他演的角色是一只小狗，并且这只小狗的脸是被蒙住的。小男孩回家就拼命练习，他的父母说你演个小狗练这么起劲干什么，观众又看不到是你在演，你这么认真做什么？但是小男孩还是很认真，天天练习，把小狗演得惟妙惟肖，最后演出的时候，话剧大获成功，而给观众留下最深印象的就是剧中的那只小狗。记者就问小男孩为什么演得这么好，小男孩说，我被分配到一个不好的角色，是配角中的配角，但是我没有把自己当成配角，我是用主角的心态在演的，既然要演，就要演得专业。

即使是演一个不起眼的小角色，小男孩还是十分负责任地练习和表演，这种负责任的态度让他受到很多人的肯定和尊重，也让他慢慢地变成了剧场中的主角。

一个负责任的人除了对工作负责任，更要对自己的人生负责任，负责任的人更容易获得成功。有这么一个故事，有一位非常不负责任的父亲，他杀人、抢劫、偷盗、酗酒，最终坐牢。他有两个儿子，一个后来成为优秀的律师，一个"继承"了"父业"，成为一个地痞流氓。有人问他们，为什么同一个父亲的儿子，一个这么优秀，一个这么堕落？神奇的是，他们给出了同样的答案：有这样的父亲，我有什么办法？优秀的律师儿子说，我有这么一个不负责任的父亲，我就必须对自己的人生负责，必须努力，发奋图强，没有别的办法。而那个流氓儿子则说，有其父必有其子，我有一个这么烂的爸爸，你还想我变好吗？这个儿子就是一种推卸责任的态度，他把自己的失败归咎于父亲的不负责任。放到工作中，就是指当你遇到了不利的外部环境，你的态度是怎样的。有责任感的人会说，在这样的环境中，能怎么办，我应该负起责任来，所以他能在不利的环境中获得成功。

责任感让人获得成功，而爱，则是人生幸福和快乐的创造者。有爱的人，首先要懂得爱自己。爱自己的人，知道自己的人生之路要如何走，无论是痛苦还是快乐，都要去经历、去感受，因为，他们会要求自己不断地成长，在经历中感受爱的力量。

既要爱自己，还要去关爱他人，小则关爱家人，大则关爱社会。有爱的人，会从身边的人开始，把爱传播出去。与家人一起打造温馨的家庭，让家人过上幸福快乐的生活，也许简单朴素，也许富贵荣华。穷则独善其身，达则兼济天下。有爱的人，会在自己的能力范围内将爱心奉献于社会，有钱人捐款做慈善，普通民众出力做义工，有钱出钱，有力出力，无论是什么形式，奉献的都是爱。

为什么有爱的人是幸福的？因为爱是一种无限循环的正能量，当你施与爱，你的爱并不会减少，因为这是一种分享，当对方感受到你的爱，他会以他的方式回报你，爱的力量就会在你们之间环绕，甚至辐射到周围的人。当人与人、人与社会之间，都存在着一份爱，爱的力量就会无限循环，无限延伸。

曾经听过这么一个故事：一个妇人看到门外坐着三位陌生的老者，就请他们进屋。老者说，我们三个分别叫做"财富"、"成功"和"爱"，但是我们只能进一个，你要如何选择？妇人回到屋里与家人商量，丈夫说，让"财富"进来吧，我们这么穷，他一进来，我们就有花不完的钱了。儿子说，让"成功"进来吧，我想要成功，成功就意味着拥有一切了。父子俩争论得不可开交，这时，妇人说，为什么不请"爱"进来呢？只要我们家里充满着爱,什么样的苦日子都会变成甜的。

父子俩同意了，于是他们把"爱"请进来了，没想到没过多久，"财富"和"成功"也悄然进门了。他们诧异地问："不是只能进来一个吗？""财富"说，"是的，如果你们选择的是我或者'成功'，另外两个就会留在外面，但你们选择了'爱'，他是我们的老大，爱在哪里，我们就在哪里。有爱的地方，就有成功和财富。"

第二章

快乐有阶可攀

1

一生只有 7000 天

如果一个人活到 100 岁，一生大概能活 3 万天，儿童少年和老年不懂事的时间去了三分之一，睡觉又去掉剩下的一半，吃饭、赶车、聊天、看电视等又去掉剩下的三分之一，有价值的时间大约只有 7000 天。假如你现在 25 岁还碌碌无为，你已经又浪费了 2000 天。还剩 5000 天，你还在虚度光阴，你不怕吗？

对每个人来说，时间是很公平的，每个人每天都拥有 24 小时，但是并不是每个人都懂得时间这笔财富的潜在价值，不是每个人都懂得如何好好运用时间、管理时间，让时间发挥最大的效用。

有很多人是在浑浑噩噩地度过每一天，他们总是觉得还有时间，什么事都可以留到明天再做，没有目标，没有计划，就在不知不觉中度过了一个又一个明天，生命也悄然地流逝了。有一个小故事是这么说的，有一次，一个青年画家拿着自己的画作请教大画家柯罗。柯罗指出几处他不满意的地方。青年画家说："谢谢您，明天我全部修改。"柯罗激动地问："为什么要明天呢？你想明天才改动？要是你明天死了呢？"

很多人都认为"还有明天"，而很少考虑"假如没有明天"。所以很多人的状态就应了那首《明日歌》："明日复明日，明日何其多，我生待明日，万事成蹉跎。"一个人拥有的时间，从总数上看，好像有很多，而浪费掉的时间，看起来好像每次都只是一点点，但陷入这种虚度时间的状态是很可怕的，你在不知不觉中浪费时间，等到有一天你醒悟过来，就会发现，原来自己已经失去这么多宝贵的时间了，你惊慌失措地想找回那些时间，但是已经不可能了。鲁迅先生说过，浪费自己的时间，就是慢性自杀；浪费别人的时间，等于谋财害命。一个人要想成功，就必须懂得如何用有限的时间做更多有效的工作，将时间的价值最大化。

李嘉诚年轻时曾为别人打过工，那时他的床头上总有两个闹钟，以便准时在早上 6 时大声叫醒他，而他的手表永远比别人快 10 分钟。这样做是"为了能准时出席下一个约会"。那时，他的同事每天只工作 8 小时，他一天却工作 16 小时，天天如此。也是从那时起，他已经习惯把闹钟拨快 10 分钟，这样他可以早点起床，争取时间，赶快开工。正是他这种珍惜时间的态度，使他的销售业绩远远超过其他同事，18 岁就被公司提拔为总经理。

李嘉诚懂得省时间，也懂得花时间。在创业初期，有一次他在一本英文杂志上看见一则消息，意大利的一家公司，利用塑胶原料制造塑胶花，并打算全面倾销欧美。这篇报道给了他很大的灵感，他预感到这个生意会很有前途，通过分析，他决定抓住这个难得的机会，把塑胶花全面引进香港。为此，他花时间远赴意大利去学艺，这一次，他不仅学到了技术，还带回来一套严格的科学化管理方式，一回来就对公司进行全面的改革。后来，这一次成功的投资为他带来了人生的第一桶金。

懂得管理时间的人，总能把 24 小时当成 48 小时用，他们用自己的方法扩大了生命的宽度和深度。其实生命的长短并不是最重要的，重要的是在这个过程中你做了些什么，你如何让你的人生过得更有价值，更有意义。

有些人选择兢兢业业地奋斗，为自己为社会创造财富；有些人选择成功成名，在别人的生活中留下自己的名字；有些人则选择投身公益，用慈善的方式造福他人。

2004 年 12 月 26 日，印尼发生了特大海啸，整个东南亚地区 100 万人因受灾而无家可归。功夫明星李连杰和他的家人也遭遇了这次灾难，幸运地从印尼海啸中生还。回忆起印尼海啸，李连杰称当时海水已经漫过脖子，如果再有一个海浪过来肯定就无法幸存。经历了这次意外之后，李连杰意识到生命的无常，在这种突如其来的灾难面前，任何人都是无能为力的，无论你多有钱多有权。劫后余生，让李连杰感受到生命的脆弱和珍贵，让他产生了创办慈善基金的想法，用慈善的力量帮助更多的人。于是李连杰创办了中国第一家民间公募基金会——壹基金。经历过鬼门关的李连杰选择做慈善，用帮助他人的方式来发挥自己生命的价值，让生命过得更有意义。

关于生命和时间，有一个经典的问题，假如明天就是生命的最后一天，你将如何度过？不同的人总会给出不同的答案，但大部分人只是把它当作一道题目来看待，思考之后又会回到原来的生活。但是真正珍惜生命的人确实会把这句话践行下去，把每一天当作生命中的最后一天来过。

乔布斯曾经在斯坦福大学的演讲中分享了自己关于死亡的看法。在 17 岁那年，乔布斯读到一句话：如果你把每一天都当作生命中最后一天去生活的话，那么有一天你会发现你是正确的。从那时开始，乔布斯在每天早晨都会对着镜子问自己："如果今天是我生命中的最后一天，你会不会完成你今天想做的事情呢？"当答案连续多天是"No"的时候，他知道自己需要改变某些事情了。

"你们的时间很有限，所以不要将它们浪费在重复其他人的生活上。不要被教条束缚，那意味着你和其他人思考的结果一起生活。不要被其他人喧嚣的观点掩盖你真正的内心的声音。还有最重要的是，你要有勇气去听从你直觉和心灵的指示——它们在某种程度上知道你想要成为什么样子，所有其他的事情都是次要的。"

如果你仍然在生命的旅程中彷徨打转，碌碌无为，那么你应该停下来，与自己做一次深刻的交谈，想想自己要如何度过这有限的几千天，为自己的生命做好规划。如果你想在事业上有所成就，那么你就应该立下目标，全力奋斗；如果你想拥有一个美满的家庭，那么你就应该好好地关爱身边的家人；如果你拥有梦想，那么就不要被太多借口所羁绊，要勇敢地去做想做的事。人应该让自己活得没有遗憾，当你回忆自己的人生时不会感到后悔。如果你不知道应不应该去做某一件事，或许你可以问自己：如果我不去做这件事，我会不会后悔？让你的内心告诉你最真实的答案。

当我们讨论生命的有限时，不可避免地要提及死亡这个话题，有生就有死，其实这两者只是生命的两个不同阶段，但它们的关系却是紧密相连，互相影响的。在《相约星期二》一书中，莫里教授告诉他的学生：学会如何生，才知道如何死；学会如何死，才知道如何生。过充实健全生活的最好准备，就是做好随时会死亡的准备，因为即将来临的死亡会让你的人生目的更加明朗，使你明白什么才是对你真正紧要的。

今天，我们知道，我们的生命大概剩下多少个日子，我们完全可以像做工作计划一样好好为自己的人生做一份计划书。也许这个课题有点大，而且当中存在着许多变数，但是，当你一边制订计划，一边实施计划，你的人生就会过得更如你所愿，你的遗憾会一点点地减少，而生命的宽度和深度会一点点地增加。

人一生大概
能活三万天，
儿童少年和
老年不懂事
的时间去了三分之一，
睡觉又去掉
剩下的一半，
吃饭、赶路、聊天、
看电视等又去掉
剩下的三分之一，
有价值的时间
大约只有七千天。
假若你现在二十五岁还碌碌无为，
你已经又浪费了两千天。
还剩五千天，
你还在虚度光阴，你难道不怕吗？

2

写好你人生的剧本

我们常说，人生如戏，一点儿没错，从生命的开始，我们就在为自己书写剧本，我们给自己设定角色，我们给自己制定人生轨迹，是要演一出平平淡淡，甚至有些乏味的剧，还是要演一场轰轰烈烈、高潮迭起的剧；是要做自己人生的主角，还是做他人人生中的配角；是要默默无闻地从人生的舞台中淡出，还是要流芳百世，为后人所敬仰。

常言道，人生没有彩排，每一天都是现场直播，但每一个下一秒的剧本都可能被改写。一个好剧本的最终完成要经过作者不断的修改，字斟句酌，而人生的剧本同样可以修改，只不过修改的不是过往，而是未来。人生的剧本，有时候是一句定终生，一个选择决定一种人生。所以，每个人都应该谨慎地拿起笔，谨慎地写好自己人生的剧本。

为自己写一个人生的剧本，通俗一点说，就是为自己的人生做一个规划，为自己的未来画一张蓝图。做人生规划，首先要设定一个目标，当你设定了目标，就等于为你的剧本设定了一个线索、一个主干，后面的剧情都是围绕这条线索发展的。

目标有多重要，举个例子来说明。有一个大学做过一个案例，找了三个小组，要他们去找一个地方。对第一个小组，只告诉他们，你们要去某个村庄。对第二个小组，只告诉他们，你们要去找的村庄大概在什么方向，往哪边走，去找到那个村庄。对第三个小组，则是很清晰地告诉他们，这个村庄在哪个方向，要经过什么地方，其中有一座山，再往前走还有一个湖，目标说得非常清晰。结果呢，大家可想而知，第一个小组根本没有找到那个村庄，因为他们完全不知道村庄在哪；第二个小组找到了村庄，但是他们只知道大致的方向，因此花费了很长时间，不过结果还是好的；第三个小组很快就找到了，因为目标相当明确。如果你的人生没有目标，你就不知道自己要干什么；如果你有目标，但目标不清晰，那么你就会走很多弯路，浪费很多时间，才能达到这个目标；而如果你有清晰的目标，你只需要认准目标，朝着目标前进就可以了。

而你所设定的目标的大小决定着你这一台戏的基调，如果你的目标只是过一种简单平淡的生活，那么你的这一台戏就是简简单单，没有什么特别的情节，如细水长流般静静流淌而过。如果你的目标是要干大事业，有大作为，要过一个拼搏的人生，那么你的这一台戏就将是情节复杂，高潮迭起的。目标没有好坏对错之分，只要是适合自己的，是真实的，你的剧本就是独一无二的。

不知道大家有没有看过从树上的鸟巢里跌落的鸟蛋，下落的速度非常快，小鸟还没来得及孵出，鸟蛋就已经碎了。说这个是要提醒大家，无论你设定了什么样的目标，都要记得让自己享受生命的过程，不要像这可怜的鸟蛋一样，来不及看一看外面的世界。

人生的一出戏，无论是平平淡淡还是轰轰烈烈，作为戏中的主角，每个人都应该全身心投入，尽情发挥和享受。粗茶淡饭有粗茶淡饭的做法，满汉全席有满汉全席的步骤，但只有用心烹调，才能做出各自独特的味道。

一位得知自己将不久于人世的老先生，在他的日记本上写下了这样一段文字：如果可以从头活一次，我要尝试更多的错误，不会再事事追求完美。我情愿多休息，随遇而安，处事糊涂一点，不那么处心积虑。可以的话，我会多去旅行，跋山涉水，再危险的地方也要去一去。我现在多么后悔，过去我活得太小心，太不是自己了，如果人生可以重来，我要过一个不一样的人生，过一个自己真正想过的人生。

只是，人生不可能重来。如果你不想像这位老先生一样在生命最后的日子才对自己走过的路而后悔，就应该学会享受生命的过程，热爱生活，认真对待自己完成的每一件事，仔细看看自己遇到的每一个人，规划自己想要的生活，不给自己留遗憾。

有的人也许会说，人根本不能给自己定位，因为人一出生，他的家庭、父母、出身就是既定的，不能改变的，不可能按照自己的意愿过自己的人生。这么想其实就有些肤浅了，生命对一个人的奖赏从来就不是在起点，而是在整个过程中，一个人的出身并不能完全决定他的未来。

在一个小镇里，一个由 26 个"问题孩子"所组成的班级被安排在学校教学楼一间最不起眼的教室里，他们当中有的吸毒，有的进过少年管教所，有个女孩子甚至多次堕胎，家长、学校和老师几乎都已经放弃了他们。

但是，一位叫菲拉的老师来了。新学期开始时，菲拉给大家出了一道题：

有三个候选人，他们分别是：A. 信巫医，有两个情妇，有多年吸烟史，而且嗜酒如命；B. 曾两次被公司赶走，每天睡到日上三竿，每晚都要喝酒，曾经吸食过鸦片；C. 曾是国家战斗英雄，生活习惯健康，不吸烟少喝酒，年轻时没有做过违法的事。要从这三个人当中选出一位后来能够造福人类的人。毫无例外，所有人都选择了 C。然而，菲拉的答案让大家大吃一惊：这三位人物都是二战时期的著名人物，A 是富兰克林·罗斯福，身残志坚，连任四届的美国总统；B 是温斯顿·丘吉尔，英国历史上最著名的首相；C 是阿道夫·希特勒，法西斯大恶魔。

菲拉对孩子们说，你们的人生才刚开始，过去只是过去，它并不能代表未来，只有当下和将来才能构成未来，所以，不要因为自己的过去而放弃自己，只要从当下开始努力生活，每个人都能拥有一个明媚的未来。

如菲拉所说，过去不能代表未来，你的出身，你的家庭同样不能决定你的未来。人要往前走就要向前看，不要总是回头看，要善于发现自己的价值，让人生过得更有意义。

人生的剧本是很神奇的，你要善于规划，又要善于变化；你要学会享受，还要懂得珍惜；只要你过好了每一天，你的人生就一定会非常精彩。

3

宁愿做个"被批评者"

做老板的，也要常听一些批评声，以消自己的狂气。古人云，人欲使其灭亡，先使其张狂。能被别人批评是幸福的。别人批评你，说明你所做的事情受到了别人的关注，对方提出批评，说明他认真地看待你所做的事，并且思考过，才给你提出批评，说明你所做的事情是有价值的，只是还存在一些问题，于是别人用批评的方式给你提出建议，其实批评的另一层含义是希望你做得更好。所以，当你受到别人的批评时，首先应该感激对方，而不是觉得难过和失落。

在职场中，老板批评员工也是很常见的，如果你哪天也"遭遇"批评，千万不要觉得害怕，不要以为老板讨厌你。老板批评你，说明你的工作他看在眼里，你做错了，他希望你能改正；批评也是一种关心，只是方式比较严厉。如果老板不关心一个员工，他是不会去批评他的，这样的员工会觉得很没有存在感。

人要进步，要成长，就要学会做一个乐于接受批评的人。如果一个人的身边全是一片赞美声、奉承声，而没有半点负面的声音，那这个人就比较危险了。我们说"忠言逆耳"，如果一个人的身边没有一点"逆耳"的声音，说明大部分赞美都不是真心的，都是另有企图的。人人都喜欢听好听的话，但是人不能一直都听好听的话，太舒服的环境容易使人沉迷，只听好话的人容易迷失自己。

别人的批评其实就是一面镜子，让你看到真实的自己，既看到自己的优点，也看到自己的缺点。历史上非常有名的一面"镜子"就是唐太宗时期的宰相魏征。魏征是一个难得的敢于进谏的人，无论什么时候，只要唐太宗有做得不对的地方，他就会明确指出，用心劝诫，即使唐太宗发脾气，魏征也毫不畏惧，据理力争。在其任职的几十年间，先后向唐太宗进谏了两百多次，每一次，唐太宗都会认真考虑他的意见，尽量采纳他的意见。魏征为唐太宗治理国家作出了很大的贡献。

有一次，唐太宗违反他制定的18岁成年男子才须服兵役的规定，决定征召16岁以上，18岁以下，身材高大的男子从军。命令发出以后，魏征极力反对，唐太宗十分生气，派人把他叫来，大加训斥。

魏征毫不畏惧，他十分严肃地进谏说："您现在把强壮的中男都抽去服兵役，那田由谁来种？工由谁来做？您常常讲，我当国君，首先要讲信用，可是国家的法律明明规定，男丁中的强壮者才需要服兵役，您为什么不遵守呢？您这样做，在老百姓面前不是失去信用了吗？"

魏征的这一番话，把唐太宗的火气浇灭了。他心悦诚服地对魏征说："先生真是我和国家的一面镜子啊！我原先以为你太固执，不通情理，现在听了你的话，觉得很有道理。政令前后不一，百姓不知所措，国家是无法治理好的。"于是，唐太宗立刻下令停止征召中男服役，还奖赏了魏征。

当局者迷，有时候人面对一些问题，很容易陷在自己的思维里，思考的角度很单一，就很容易做出不恰当的决定。这个时候，他人的批评其实就是一种提醒，提醒你所做的决定可能会出现的问题，提醒你应该从多个角度去思考再做决定，所以，当有人对你提出不同的意见时，不要轻易地忽视和否定，而应该虚心接受。

乐于接受批评的人是积极进取的。一个人乐于接受批评，说明他的心态是积极的，希望听到批评的声音，说明他知道自己还有不足，希望通过他人的批评发现自己的缺点，并根据他人的意见改正自己的缺点，从而得到进步和成长。而不愿意接受批评的人，说明他们比较以自我为中心，不怀疑自己，也甘于现状，长此以往，就会一直原地踏步甚至退步。

在美国佛罗里达州的奥兰多市，曾经有一位叫卡尔·兰福的市长，在职时他倡导实行"开门政策"，欢迎民众来见他，向他提出意见。然而，当社区的民众前来拜访时却总是被他的秘书和官员挡在门外。后来，这位市长找到了一个解决的方法，他把办公室的大门拆了，从此以后，这位市长真正做到了"行政公开"。执政为民，对于执政者来说，民众的意见是非常重要的，能够虚心接受民众批评的政府才是真正为人民服务的政府。

敢于接受批评的人是有肚量的人。如果赞美是花，那么批评就是刺，赞美的话总是悦耳的，而批评的话通常叫人听了不太舒服，所以，能接受批评的人能听得进刺耳的话，说明他虚怀若谷，必定是受人尊敬的人。

宋朝太尉王旦曾多次在皇帝面前称赞寇准，推荐他为宰相，但是寇准多次在皇帝面前批评王旦的缺点。有一次，皇帝就问王旦："为什么你经常称赞寇准，但是寇准却经常批评你的缺点，你还要推荐他？"王旦说："本来就应该这样。我做宰相多年，在处理事情时肯定会有一些失误，寇准在陛下面前毫不避讳地指出我的缺点，说明他是一个忠诚的人，这就是我看重他的原因。"王旦做宰相12年，推荐的大臣有十几个，大多很有成就，王旦也因其宽容大度备受敬重。

要想成功，首先要培养乐于接受批评的心态，训练敢于接受批评的勇气，学会在批评中成长，真诚感谢对你提出批评的人。当你收获成功的时候，你会发现，做个被批评者，多么幸福！

我们宁愿成为一个被批评者，

因为被批评是已经做到了

（或正在行动中），

因成功而被评判。

而个别批评家们是没成功

也不去行动的无志无能者，

却在人后指手画脚，

吃不到葡萄说葡萄酸。

4

格局有多大，未来就有多大

有一天，一位哲学家路过一个建筑工地，看到三个正在砌砖的工人，就问他们："你们在干什么？"

第一个人埋头苦干，说："我在砌砖。"第二个抬起头，看着哲学家，说："我在砌墙。"第三个望着前方，用充满希望的语气，说："我在砌一座城堡。"

听完他们的回答，哲学家马上就预测了他们的未来：第一个工人眼里只有砖，他勤勤恳恳劳动一生，最多只是个好工匠；第二个工人眼里有墙，表示心中有墙，最多能成为一名优秀的技术员；而第三个工人眼中有城堡，即心中有城堡，他一定最有出息，因为他心中有大格局，并且能够把小事看成大事的起步和组成部分。

每个人都想成功，每个人心中都有一个格局，格局小，看得近的人永远只能做好眼前的事，在社会上，他们大多数是最基层的角色。而格局大的人，有远见、有目标，知道自己的发展方向在哪，并且能为这个目标从一点点的基础小事做起。这样的人善于坚持，也许他现在只是做一些非常基础和琐碎的小事，但是他心里很清楚，这是在为远大的未来做准备，打地基，这样的人是干大事的人。

日本的前邮电大臣叫野田圣子，在任期间，她是内阁最年轻，也是唯一的女性大臣。但说起野田圣子的职业生涯，第一份工作却是让很多人都意想不到的。大学毕业之后，野田圣子到东京帝国饭店实习。当时饭店给实习生分配的任务有扫地的，有叠被子的，有收拾房间的，野田圣子被分去洗马桶。洗马桶又脏又臭，听上去好像很丢人，野田圣子每天洗得愁眉苦脸的。

有一天，她碰到饭店的经理，经理问她为什么没精打采，她就说她的同学都被分到很好的岗位，她最倒霉，分到洗马桶。这个经理就说："我教你洗，我以前也是洗马桶的，但是我现在是这个酒店最优秀的经理。"于是经理就洗马桶给野田圣子看，洗完之后，她说："你看我的马桶洗得这么好，非常干净，我洗的马桶里的水是可以喝的。"野田圣子不相信，这位经理就舀了一杯喝了。

经理的这个举动给了野田圣子非常大的鼓励，她想，经理对工作这么认真，马桶都能洗成这样，别人做得到，自己为什么做不到。到了实习考核的时候，野田圣子说："我洗的马桶非常干净，里面的水是可以喝的。"别人不相信，她就舀了一杯喝了一口。

洗马桶这件事看上去好像和她后来成为邮电大臣没有什么关系，其实不是的，洗马桶这件小事让野田圣子体会到了认真对待每一件小事的重要性，也锻炼了她这种负责任的工作态度。当时作为实习生的野田圣子看到，洗马桶的基层工作人员到成为酒店最好经理的前辈，她就下决心向她学习，野田圣子做的是洗马桶的工作，但她知道自己以后是要成为更优秀的人，所以她认认真真地从小事做起，打好基础，为未来做好准备。

试想一下，如果当时的野田圣子眼里只有洗马桶这件事，并且总是因为这个"丢人的工作"而烦恼不已，那么她可能连一个合格的洗马桶工人都做不了。人在事业的追求上，眼光要放得远一些，多设想自己充满前景的未来，然后脚踏实地，一步步向上走，成功总会属于你。就像一句名言所说，世界会向那些有目标有远见的人让路。

心中有大格局的人，对未来总会有一些预见，他们看到的东西最开始也许往往会遭到他人的反对，但当他们的预见成为现实时，人们就不禁要佩服其远见卓识。

波音飞机制造公司的创始人威廉·波音就是这样一个人。20世纪20年代，威廉·波音看中了替美国邮政运送邮件这个好商机，于是参加了"芝加哥—旧金山邮件路线"的投标。当时他提供的运输价格极低，专家们都不看好他，但是威廉·波音非常自信，没过多久，他的邮件运送业务便获利了，后来，他把业务从运送邮件发展到载运乘客。

第二次世界大战结束后，因为航空工业萎靡，威廉·波音的公司停产了，他转行制作家具，但还是留下了公司骨干，继续推进飞机的研发计划。很多人都认为他疯了，不切实际，但是他始终坚信航空业会重新兴盛起来，他说："我可以预见未来。"而后来的事实证明，威廉·波音当初的坚持是正确的。波音公司成了航空业中的领头羊。

心中有大格局的人，懂得把自己放低。因为心中有一个大目标，所以比别人站得更高，看得更远。但凡在事业上有所成就的人，都不是一蹴而就的。不积跬步，无以至千里；不积小流，无以成江海。把自己放低，从基层做起，只要心中怀有远大目标，一切工作都是为了实现这个目标而准备的。虽然是做同样的事，但是你脑中所思考的，眼中所看到的，都比其他人更高一个层次，因此你的未来也比别人更远大。

心中有大格局的人，同时也是懂得顾全大局的人。要成就一番事业，往往不是靠个人的单打独斗就可以成功，而是依赖于整个团队的努力。心中有大格局的人，在团队中往往是担任领导者的角色，他们不会因为个人的小问题而影响整个团队的运作。

在职场中，我们常常可以看到一种人，在团队中，他们是最计较的人，不愿承担过多的工作、不愿吃亏，小心翼翼地保护自己的那份利益。这种人往往只能是团队中的小角色，无法承担大的责任，因为他们总想着自己，不愿吃亏。但其实，他们是很不明智的，因为不能吃小亏的人，必定吃大亏；不懂得退一步的人，一定难有大进步；不会低头的人，将无法立得更高。而我们看团队的领导者，他之所以能带领团队，不仅仅是因为他独到的经验和眼光，更因为他是一个懂得顾全大局的人，当团队出现矛盾的时候，解决问题时一切都应该从大局出发。如果每个人都要争取自己的那份利益，只会导致团队的不和谐和任务的难以完成，这样是无法成就大事业的。

风景要在远处看才最美，人格要有距离方能高大，方向要在高处才不会迷失，理想需伟大才能产生动力，格局有多大，未来就有多大！

5

穷人和富人的差别在哪里

这个世界上，为什么有穷人和富人之分？穷人和富人的差别在哪里？

法国人巴拉昂年轻时很穷，但他志不穷，他以推销装饰画起家，在不到 10 年的时间内发家致富，跻身法国 50 大富豪之列。1998 年他患癌症去世，临终前，他留下遗嘱，并留下一道考题：穷人缺少什么？他决定把财产中的 100 万法郎作为奖金，奖给揭开贫穷之谜的人。

巴拉昂的遗嘱刊登在法国《科西嘉人》报上，消息发出后，很多人寄来了答案。大部分人都认为穷人最缺少的就是钱，没有钱才会成为穷人；一些人认为穷人缺少的是机会，之所以穷就是因为没有遇到好的机遇，股票疯涨前没有买进，股票疯涨后没有卖出；一些人认为穷人缺少的是技能，没有一技之长很难在社会上立足；还有的人认为，穷人最缺少的是帮助和关爱，在法国，每个党派上台前都曾给失业者大量的许诺，但上台后真正关爱穷人的有多少？另外还有一些奇奇怪怪、五花八门的答案。

到底谁能答中巴拉昂的问题呢？在巴拉昂逝世周年纪念日上，他的律师和代理人按照巴拉昂生前的交代，打开了保险箱。在 48561 封来信中，有一位叫蒂勒的小姑娘猜对了。这个答案就是：穷人最缺少的是野心。

这个谜底的揭晓引起了震动，影响超出了法国，在英美，各行各业的一些

有一位哲学家问三个正在砌墙的工人：你们在干什么？

第一个人说：我在砌砖。

第二个人说：我在砌墙。

第三个人说：我在砌一座城堡。

哲学家下结论：第一个人终身最多是个好工匠，第二个人最多是个好技术员，第三个人一定有出息，因为他心中有大格局，并把小事看成大事的起步和组成部分。

成功人士在接受采访时都毫不掩饰地承认，野心是永恒的特效药，是所有奇迹的萌发点。有了"我想要"，才会有"我得到"。

穷人们是否想过，为什么自己不是拥有财富的人？穷人之所以一辈子都摆脱不了贫穷，是因为他们在追求财富、追求成功的想法上是比较消极的，甘于平庸，甘于命运，看低自己，认为自己生下来就是这样，是无法改变的。为什么没有一种动力在强烈地促使你成功呢？是因为你没有野心。一个没有野心的人，就是一个天天在混日子的人，会为一些小小的利益、一些微不足道的恩恩怨怨去伤脑筋，这样是毫无价值的。而有野心的人，他的目标很远大，这些蝇头小利、鸡毛蒜皮的小事都不足挂齿，他的目光远大，看到的绝不仅仅是眼前的利益。

说到富人的野心和眼光，再跟大家分享一个故事。

三个年轻人结伴外出寻找发财的机会。在一个偏远小镇，他们发现了一种又红又大、味道香甜的苹果。由于这个小镇在山区，信息、交通等都不发达，与外界接触极少，所以这些好苹果只在本地销售，卖得十分便宜。

他们都觉得这是个机会。第一个年轻人马上掏出自己所有的资金购买了10吨最好的苹果，运回家乡，并以比原价高两倍的价钱卖出去。很快，他就成了家乡第一个万元户。

第二个年轻人用了一半的钱，购买了100棵最好的苹果苗运回家乡，承包了一片山，用了三年的时间精心栽种苹果树，三年中没有一分钱的收入。

第三个年轻人找到果园的主人，表示自己想买些泥土，主人一愣，说，泥土不能卖。年轻人捧起一把泥土，恳求果园主人只卖给他这一把就可以，果园主人说，那你给一块钱吧。

这个年轻人带着泥土返回家乡，把泥土送到农业科技研究所，化验分析出泥土的成分，并承包了一片荒山，用三年的时间培育出一样的土壤，然后在上面种上苹果树苗。

10年过去了，三位找到相同发财机会的年轻人各有什么样的命运呢？第一位年轻人还是用原来的销售方式，但由于当地信息和交通逐渐发展起来，竞争者越来越多，所以他赚的钱越来越少，有时候甚至卖不出去。第二位年轻人，虽然买了苹果树苗，但由于土壤不同，种出来的苹果没有小镇的苹果那么好，但也能赚到一点小钱。第三位年轻人，由于培育出同样的土壤，他种出来的苹果和小镇的苹果一样又大又甜，丰收的季节总招来许多的顾客，生意做得红红火火。

从这个故事中，我们很明显地能感受到穷人和富人的差别——有野心、有远见促使第三位年轻人真正地实现了发家致富，而前面两位年轻人，都不同程度地只看到眼前的小小利益，因此注定赚不了大钱。

穷人总是看到自己贫穷的那一面，而富人总是坚信自己会拥有财富，拥有成功；穷人通常很懒，觉得时间一大把不知道如何消磨，并且不愿改变，或者说不相信改变，而富人常常觉得时间再多也不够用，并且总能根据实际做出明智的改变；穷人常常没有什么自信，即使有也是通过外在的东西包装出来的，而富人的自信是从骨子里渗透出来的……如此种种，归根结底还是因为穷人没有野心，没有梦想和目标，而富人总不缺乏这些。

当然，有一个问题需要说明的是，财富，应该是脚踏实地，通过自己的努力，一点一点积累起来的，是干干净净，问心无愧的。有些人可能会误读了我所说的野心，野心本来就是个中性词，也可以说是一把双刃剑，要用好这把剑并不容易。当你用正确的心态，积极的态度使用它时，它会给你带来同样积极的影响，帮助你成功；但当你心生邪念，企图利用它通过歪门邪道去实现你所谓的野心时，它同样会给你带来负面的影响。因此，追求财富，拥有野心的前提是，拥有一颗正直的心。

我们说富人有野心，穷人缺乏野心，并不是鼓吹大家去一味地追求财富，无限度无原则地追求财富。财富是需要通过个人的努力和打拼获得的，我们推崇的是一种正面的、积极的追求财富的态度。真正拥有财富的人在奋斗的过程中时刻保持野心，但他们同时懂得凡事有度，狂时懂得收敛，萎时自我提振。

　　有些人也许会说，光有野心有什么用，穷人就是穷人，富人就是富人，穷人生来就有很多东西比不上富人，根本不可能变成富人。其实不是的，人总是很容易看见自己所缺少的，却看不到自己所拥有的。上帝给予每个人的东西都是一样的，上帝给予每个人一颗同样会跳动的心，给予每个人同样的每天 24 小时。没有生下来就是富人的人，即使这一辈是富人，他们所拥有的也是上一辈的人辛苦打拼积累下来的，如果不去维护，不去延续，同样会坐吃山空，不付出绝不会有收获，这是亘古不变的道理。

　　上帝对每个人都是公平的，他对你关上了一道门，就一定会为你打开一扇窗。别人用容貌、财富、地位得到了爱慕，也许你不曾拥有这些，但你可以创造善良、勤奋、上进、责任，去获得爱。如果你看到了自己的不足，那么你也能看到自己的优点；如果你只看到自己骄傲的那一面，那么你也就暴露了自己的缺点。

　　上帝不会把一切都为你安排好，上帝给你生命，给你时间，是要你自己去创造自己的未来。你是穷人，还是富人；你是成功，抑或失败，这些都不归上帝管，命运最终还是掌握在你自己手中。

穷人和富人的差别在于：

一，没有野心；

二，野心太大。

凡事得有度，

狂时懂得收敛，

萎时自我提振。

6

心态决定生态

这个世界上，为什么有的人成功，有的人失败，有的人过得幸福，有的人过得痛苦，也许很多人觉得这些都是生活环境、个人遭遇的不同决定的，但其实这并不是根本原因。不同的人之所以有不同的生态，归根结底还是由人的心态决定的。

人有多开心，就有多少开心事找你；人有多愁心，就有多少愁心的事找你。成功者与失败者之间最大的差别，就是态度不同。成功者往往态度积极，即使遇到挫折，也能将其当作是磨炼，而失败者总是消极的，即使有一点小进步也总是疑虑重重；成功者专注，用心在奋斗，而失败者却总是心猿意马，诸多借口。

有这么一个故事。有两个秀才一起去赶考，路上他们遇到了一支出殡的队伍。看到那个黑乎乎的棺材，一个秀才心里立刻"咯噔"一下，凉了半截，心想完了，活见鬼，赶考碰到这个倒霉的棺材，于是心情一落千丈，走进考场，那个"黑乎乎的棺材"一直挥之不去，考试时文思枯竭，最后果然名落孙山。

另一个秀才也同时看到了那个黑乎乎的棺材，一开始心里也"咯噔"一下，但转念一想：棺材，棺材，那不是既有"官"又有"财"吗？好兆头，看来今天我要红运当头了，一定会高中。于是心里十分兴奋，情绪十分高涨，走进考场，文思如泉涌，果然一举高中。

回到家里，两个人都对家里人说，"棺材"真的好灵。

心态常常就是我们通往成功道路上最大的对手，很多人都不是败在技术上、败在经验上，而是败在心态上。拥有积极心态的人，看什么事情都能看到积极的一面，为自己找到增强成功几率的筹码，而消极的人永远只能看到事物中消极的一面，在无形之中抹杀了自己成功的一点点希望。

生活就是一面镜子，你怎么对待它，它就怎么对待你。若你现在的心情长期保持自卑、焦虑、不自信，那你很可能进入了一个不良的心理暗示怪圈。也就是说，你只看事物的消极一面，所以长期得到的都是负面暗示，结果获得的一定是消极负面的心情和观念。

如果你看到的世界都是丑恶，证明你不是蜜蜂，而是苍蝇；如果你看到的世界都是歪的，证明你的眼睛斜了；如果你看到的世界都是悲哀，证明你在逃避现实。你关注什么，就会得到什么，得到什么，就决定了你的命运。别人说话有正面的，也有负面的，若你两眼只对负面的放光，别人就会拼命地给你负面消极的信息；若你对正面的事反应强烈，别人就会拼命地给你正面积极的信息。心态决定成败！

这里，我推荐大家看看《秘密》这本书，书中提到"吸引力法则"，这一法则说的是：你生命中所发生的一切，都是你吸引来的。你心中所保持的"心像"是什么，便吸引来什么。

这一法则放之四海而皆准，你有什么样的思想，就有什么样的行为。你的想法正面、阳光、积极、乐观、正义、善良，你就会得到一个快乐的世界；你的想法负面、阴暗、消极、悲观、邪恶、恶毒，你将得到一个地狱般的世界。

一个老说很难的人，他就会真的活得很难；一个老说苦恼的人，他一定不会快乐；一个老说失败的人，他注定会失败。这是因为这种人一直生存在负面暗示中，负面暗示会把他带向暗示的结论，也就是说，你内心喜欢暗示什么，你就会得到什么。这其实就是"吸引力法则"的意思，所以，你要强迫自己，多想想自信、成功、快乐，多跟正面积极的人交往，你就会得到你想得到的。

吸引力法则认为，"同类"会吸引"同类"。所以，当你开始想某件不愉快的事情时，就会越想越不愉快，当这种想法一直持续，就会吸引更多负面的想法，因此，整个状况就会变得很糟糕，越想，你就会越烦。就像上面故事中的第一位秀才，他觉得看见棺材是倒霉的，负面情绪就开始产生，紧跟着就是更多的负面情绪，于是考场的发挥也就受到了影响。反之亦然，当你拥有快乐的情绪，其他快乐的事情也会被吸引过来，当心中充满快乐，人也就变得快乐，生活自然也快乐起来。也许你觉得太神奇，不信的话不妨试一试。

克里姆林宫内曾有位尽职尽责的老清洁工。对待自己的工作，她一点儿也不感到丢脸或自卑。她说："我的工作和叶利钦的工作差不多，叶利钦是在收拾俄罗斯，我是在收拾克里姆林宫。每个人都是在做好自己的事。"她说得非常轻松、怡然。这么良好的心态值得我们学习，这位老清洁工在达官显贵面前是地位低下的平民百姓，可她并不自卑，而且还幽默地把自己的工作和总统的工作相提并论，可见她的心胸多么豁达。无论是治理整个国家的总统，还是保持一地清洁的普通工人，他们都在做自己该做的事，在工作这个范畴中，他们没有高低之分，只有敬业和不敬业。良好的心态让这个老清洁工每天认认真真地收拾着红墙内的灰尘和垃圾，一丝不苟。

在心理学上，有一个专业术语，叫"心理暗示"，讲的其实就是这个道理。2010年世界杯的时候，德国奥博豪森水族馆有一只名叫保罗的章鱼非常神奇，工作人员在两只贴有国旗的箱子内分别放进食物，然后看章鱼自己选择哪只箱子，结果它竟然神奇地连续八次猜中比赛结果。外界都对这只章鱼膜拜得不得了，纷纷称其为"章鱼帝"。章鱼真的有那么神奇吗？我看未必，这其实是"心理暗示"在发挥作用。

心理暗示在日常生活中随时随地都可以看到，它是用含蓄、间接的办法对人的心理状态产生迅速影响的过程，它用一种提示，让我们在不知不觉中接受影响。心理暗示有两种作用：一种是积极作用。成语"望梅止渴"就是一个积极成功的心理暗示结果。曹操通过这样一个心理暗示，使口渴难忍的士兵们口舌生津，精神大振，加快了行军步伐，夺得了战机。另一种是消极作用。消极的方面就是容易受人操纵、控制，自信心不强，从而被瓦解斗志。2010年德国队在世界杯期间的胜负，其实就是最好的例证。在前面的五场比赛中，德国人利用章鱼对食物追求的本性来预测本国球队能胜，结果球队真的勇猛无敌，取得了五连胜。然而，在德国和西班牙的比赛前，他们犯了一个错误，继续用章鱼来预测结果，他们没想到的是，西班牙的国旗是三条大虾加一个螃蟹，其食品的诱惑力是德国国旗的颜色不能匹敌的，结果，章鱼哥当然选择了西班牙。这一负面的预测结果，对德国队球员和教练产生了无比强大的心理暗示。一场有德国队参加的半决赛居然成了历史上"最干净"的半决赛——一直擅长打进攻的他们，竟然将战术改成了防守，在西班牙娴熟的控球面前，德国队因为害怕失球而没有了脾气，不铲球，不压迫，最终败北。

外界评论说，与其说西班牙战胜了德国，不如说是德国放弃了。从教练到球员，都在章鱼的强烈的心理暗示下，拼命守成，结果还是没能摆脱这个心理枷锁。

其实，世上没有什么准确的预言。只要有实力和积极向上的心态，成功的几率就会大于50％。就像我前面提到的两个秀才看到棺材的不同反应一样，你给自己的是积极的心理暗示，得到的便是积极的结果；给自己消极的暗示，得到的便是消极的结果。

我们的心态的影响除了体现在你如何看待所遇到的人和事上，还体现在你如何看待自己，定位自己上。愚蠢的人只知自己的缺点，不知自己的优点；普通的人只知自己的优点，不知自己的缺点；聪明的人知道自己的优点，也明白自己的缺点；而智者是既会善用自己的优点，又会克制自己的缺点。

人不怕亏欠，就怕自满；浪不在高，而在远；过去的辉煌，不代表现在的高度；知道自己聪明之处重要，知道自己愚蠢之处更重要；不要太注意别人当面对你的态度，而要注重别人背后对你的评价；小人都在论大事，伟人都在做细节；事成不在长，而在短；人重不在高调，而在低调。

一个人对自己的定位，基本上就决定了自己的人生轨迹。

有一个喜欢拉琴的年轻人，刚到美国时，他身无分文，只能到街头拉小提琴卖艺赚钱。当时，他和一位认识的黑人琴手一起，抢到了一个最能赚钱的好地方——一家商业银行的门口。

过了一段时间，年轻人通过卖艺赚到了不少钱后，就和那位黑人琴手道别，因为他打算到大学里进修，想向小提琴高手们学习，切磋琴艺。于是，年轻人把自己所有时间和精力都投入到提高琴艺和音乐修养上。

10年后，当年的年轻人一次偶然路过那家商业银行，发现当年的好伙伴，那位黑人琴手仍在这块"最赚钱的地盘"拉琴卖艺。黑人琴手看见年轻人，十分高兴地问道："兄弟，这么多年不见，如今在哪里拉琴啊？"

年轻人回答了一个很有名的音乐厅的名字，黑人琴手反问道："那家音乐厅的门口也像这里这么赚钱吗？"

黑人朋友不知道，10年后的年轻人，已经不是当年那个卖艺的年轻人，而是一位国际知名的音乐家，他经常应邀在著名的音乐厅中登台献艺，而不是在门口拉琴卖艺。

当年，年轻人和黑人琴手一同在街头卖艺，但10年后，他们的人生迥异，这就是因为他们对自己人生的不同定位。年轻人从一开始就没有把自己当作一名街头艺人，拉琴卖艺只是为了后面的进修赚取学费，他认为自己会成为一名音乐家，于是他做出了努力。而黑人琴手，他大概只是认为自己永远只能在街头卖艺，自己就是一名街头艺人，所以10年后、20年后，他还是街头艺人，而且还"坚守"在"最赚钱的地盘"，从未想过改变。

什么样的心态让你看到什么样的世界，什么样的心态让你定位什么样的自己，什么样的自己拥有什么样的人生。如果你想成功，就从今天开始，培养积极的心态，把成功吸引过来。

如果你看到的世界都是丑恶，
证明你不是蜜蜂，而是苍蝇；
如果你看到的世界都是歪的，
证明你的眼睛斜了；
如果你看到的世界都是悲哀，
证明你在逃避现实。

7

野心和决心为何重要——蒋雯丽的故事

一次，我跟蒋雯丽一起吃饭，得知她原来是从安徽蚌埠水厂奋斗出来，经努力考上了电影学院的。她说，她当时下决心，一定要离开那个地方。

在小学的时候，蒋雯丽练过几年体操，练体操的辛苦，我们看那些体操运动员的经历就知道。那个时候，蒋雯丽在体操队是业余队员，有时候就会被专业的队员瞧不起，年纪尚小的她已经在心理上产生了挫败感。小时候的她，最大的梦想其实是去新疆当老师，但没想到高考的时候，她以三分之差落榜了，只能去念技校，毕业后，蒋雯丽就去安徽蚌埠的自来水厂当了工人。谈起这段经历，蒋雯丽说："我记得水厂各个行业我都做过，做到最后是越做越差，因为可能不是特别适合做这个工作，最后在一个离家特别远的地方上班，我们叫'第三自来水厂'。我记得一个下雪的晚上，那天正好是春节，我们还要上夜班，我披着大衣，远处有鞭炮声，我想我的一生就这样过去吗？我说不行，我要改变。"

蒋雯丽后来回忆说："我觉得我是一个很不认命的人，虽然自己学习不是那么好，差了几分没考上大学所以上的是技校，但我一直觉得自己内心有一团火焰，总希望找一个对象去燃烧。"

而这个燃烧的对象就是表演。在自来水厂的时候，有一次蒋雯丽给厂里组织文艺演出，一位舞台总监看过蒋雯丽的表演，就跟她说，你的表现力不错，可以去考电影学院。

于是蒋雯丽就真的去参加了电影学院的考试，在小品考试中，蒋雯丽抽到的题目是《唐山大地震》，很多同学在那里表演拼命从废墟中挖东西的场景，蒋雯丽则是瘫坐在地上，仰望着天空开始流泪，当时考官们就决定录取她，虽然她没有什么表演基础，但是对生活却有很强的洞察力。

正是抱着要改变过去的坚定信念，并通过自己的努力，蒋雯丽才能有今天的成就。如果没有当时的决心和恒心，我们也许就错过这么一位优秀的演员。

一个人要成功，必须要有"三心"——野心、决心、恒心。野心是帮助你不断向前的动力，决心给予你对成功的坚定信念，恒心让你一路坚持。

不想当将军的士兵不是好士兵，一个人如果没有野心，就是对成功没有欲望，甘于平平淡淡的生活，甘于平庸，这样的人是很难成功的。野心，使一个人拥有持续前进的动力，对事业不断追求，也许拥有野心的人不一定都能成功，但成功的人必然都是有野心的人。

拥有"日本的比尔·盖茨"之称的网络巨子孙正义就是一个有野心的人。孙正义是软件银行的总裁兼董事长，他的名气或许不如比尔·盖茨和雅虎的杨致远，但是他在互联网经济中所获取的份额，已经超过了这两个人。在孙正义的传记《飞得更高——孙正义》中，有这么一句话："树立了志向后，如果有野心，不管别人说什么都会忍耐，在忍耐中不断磨炼人格，就能成为人人羡慕的人。"

19岁，我们在做什么？现在19岁的年轻人，你们在做什么？而19岁的孙正义，已经勾画好40个公司雏形，并写下自己50年的计划；23岁时，他创办了软件银行，成功建立了属于自己的企业，并宣称要在5年内将销售规模达到100亿日元，10年内达到500亿日元，使公司发展成为几兆亿日元、几万人规模的公司；37岁时，孙正义挣到人生第一个10亿美元。

在这本书中，比尔·盖茨赠给孙正义的一句话是：你我都是冒险家。正是因为拥有对事业的巨大野心，使得孙正义敢于冒险，又善于冒险。1995年，连杨致远都对雅虎公司的未来充满不确定性的时候，孙正义毅然决然地提出要投资1亿多美元，并迅速兑现，随后还陆续加大投资。杨致远当时就认为，孙正义肯定是疯了。但是正是这种疯狂的性格使得孙正义不断获得成功。

孙正义的野心可以说是与生俱来的，从小，他就是一个勇争第一的人。据说在上小学时，为了得到更多的红花——老师对学习好的学生的一种奖励，曾经非常喜欢玩耍的他放弃了周末和家人出去游玩的机会，老老实实地待在家里温习功课。勤奋的他在小学和中学的成绩总是名列第一。

在孙正义的企业里，这种"勇争第一"的氛围也是非常浓厚的，孙正义认为："即便是在一个很小的行业，一个很小的领域，只要你能够做到第一，客户就需要你，这样一来你就能成为这个领域里非常成功的公司，未来某一天你就会成为一个大的领域里的第一。"

野心使得孙正义的眼光比常人看得更远，他看未来不是10年、20年，一看就是上百年。现在他为企业制定的是一个300年的计划，永不满足，永远是野心勃勃，疯狂的孙正义必将创造更多的奇迹。

俗话说，当你下定决心，你已经成功一半了。1967年，美国的跳水运动员乔妮·埃里克森在一次跳水事故中严重受伤，除了脖子没有受伤以外，全身瘫痪。乔妮无疑是不可能再跳水了，这让她一度非常绝望。但是在看过一些励志的书籍之后，乔妮决心振作，她开始思考，除了跳水，自己还能做什么。她想到了自己曾经的爱好——画画，于是，她用自己的嘴重新"捡"起这项兴趣。由于全身瘫痪，乔妮只能用嘴衔着画笔画画，这个过程非常的艰苦，她的家人都不忍心看她这么痛苦，但是，下定决心的乔妮不愿放弃，日积月累，不断练习，经过多年的努力，她的一幅风景油画在一次画展上展出，得到了美术界的众多好评。

决心的力量多么强大，它让乔妮勇敢地面对自己瘫痪的事实，让乔妮重拾对生活的信心和曾经的爱好，让乔妮一次又一次地打败了成功路上的种种挫折和艰辛。乔妮后来用同样的决心开始了文学创作，从一个没有什么文学基础的人，到出版自传，用自己的经历鼓励了无数人，乔妮再一次向人们展示了决心对一个人的成功有多么重要。

当你拥有野心，下定决心，如果还能拥有一颗恒心的话，你离成功也就不远了。因为恒心使你坚持，即使面对失败，也能屡败屡战，直到成功。在16世纪的法国，有一个从事玻璃制造的人，叫帕里斯，有一天，他看到一只精美无比的意大利彩陶茶杯，被深深吸引，他发誓自己也要生产出这么美丽的彩陶。于是，他开始搭烤炉，把陶罐打成碎片，开始尝试烧制。但几年过去了，他都没有成功，生活也越来越过不下去了，但是他没有放弃，还是不断地尝试，无数次的失败使得家人都对他失去了信心，埋怨他做这些没用的事情。为了烧制彩陶，他拆了院子里的栅栏来生火，甚至拆了屋子里的木板来让火持续地烧，但他还是面对了一次又一次的失败。经过16年的艰辛，他终于成功了，他的作品成为了稀世珍宝，价值连城，直到现在，在法国的卢浮宫，仍然收藏着他烧制的彩陶瓦。

一颗恒心，让帕里斯在面对无数次的失败，家人的不解和埋怨，生活的窘迫之后，仍能一如既往地做出一次又一次新的尝试。有恒心的人执著起来是非常可怕的，仿佛天塌了也动摇不了他们，也正是因为有这种不认输、不放弃的精神，才能得到成功的青睐。

成功本来就不是易事，也从来都不是一蹴而就的事，我常常和我的员工们说，其实钻石和碳的分子结构是一样的，但是它们的价值却是天壤之别；人跟人也是一样的。不努力的人，把自己的生命当木炭，最多用来烤火；而努力的人则是把生命当钻石来修炼，最终闪闪发光。因此，想要成功，就必须在野心的驱动下，在决心的支持下，带着恒心勇敢地不懈地努力奋斗。

钻石和碳的分子
结构是一样的。
不努力的人,
把自己的
生命当木炭,
最多用来烤火;
而努力的人
是将生命当钻石。

8

如何治疗"现代病"

现代社会是人类有史以来最发达的社会，日新月异的科技发展，信息时代的无障碍沟通，生活质量的不断提高，如果古代人穿越到现代，一定会感叹现代人太幸福了。但是，"围城效应"也是跨越时空的，古代人觉得现代人幸福，现代人却说，幸福是个奢侈品。

我在本书的开头就写道，现代人，尤其是生活在经济发达的大城市中的人，普遍都过得很累，缺乏幸福感。高强度的工作压力，无处不在的生活压力，压得很多现代人都直不起腰杆，职业病年轻化，忧郁症低龄化，总而言之，就是不快乐！

其实，现代人的这些病都是有由来的。现代社会是一个充满机会又充满诱惑的社会，人人都想干出一番成就，至少在物质上要成为中上层阶级，为了达到目标，就要加入到激烈的竞争中，施展浑身解数，与竞争对手拼个头破血流，争个你死我活。欲望多，不满足的现代人免不了要受伤。

很多现代人都有一个毛病，爱攀比，爱计较，你有钻石项链，我有名贵宝石，你有高档豪宅，我有半山别墅，你有局长爸爸，我有富豪干爹……攀比的虽然都是身外物，但耗的是精力，伤的是内心，现代人怎能不累？

我曾在微博中发过这样一个段子：很多现代人都有"双重人格"，线上聊得很起劲，线下却是无言以对；线上感觉很开朗，线下却无比内向；在外聚会热热闹闹，回到家中却独自黯然神伤，面具太多，总要卸妆，现代人真的很累！

现代人的这些毛病，归根结底就是一句话：不懂得爱惜自己，不懂得珍惜生命。他可以十分计较一斤白菜的一毛钱差价，十分计较别人的一句不敬的话，十分计较情人的一点冷待，十分计较工作的一点分工不平，却一点也不在乎虚度光阴、无所事事、玩物丧志、一事无成、没有追求的生活状态。

　　要治疗这些现代病，最简单的方法就是：热爱生活，善待自己，让自己的人生过得更有意义，更有价值。这句话看似简单，要真正做到却不是件容易的事，但是每个人都可以尝试。

　　如果你每天起床都是在赶车赶路赶电梯的状态下度过的，那么从明天起，不妨早起一点，放慢速度，感受一下路上的风景和人。以往的上班时间都是在"赶"中度过，你必定忽略了路上的风景，现在就给自己一个机会，去重新认识它们，去感受生活中不曾发现的美好。热爱生活，从享受一个美好的早晨开始。

　　而要善待自己，首先就要学习做一个知足常乐的人。一个人来这个世界就走一遭，物质的享受根本没有必要无止境地追求，过分追求财富只会让你失去更多。

　　讲个小故事。从前，一个想发财的人得到了一张藏宝图，于是他马上做好准备去寻宝。他发现的第一个宝藏是金灿灿的金币，他把所有金币装进了袋子里。离开这一宝藏时，他看到门上的一行字：知足常乐，适可而止。

　　贪婪的他并不满足，于是他扛着金币来到第二个宝藏，眼前是成堆的金条，兴奋不已的他又马上把所有金条放进袋子里，当他拿起最后一根金条时，上面刻着：放弃下一个屋子的宝物，你会得到更宝贵的东西。

　　看了这行字他更迫不及待地走进第三个宝藏，他看到一块磐石般大小的钻石，两眼放光的他美滋滋地把钻石搬进袋子中。这时，在钻石的下面，他发现了一扇小门，他心想，下面肯定有更多好东西，便毫不犹豫地打开门，跳了下去。谁知，迎接他的不是金银珠宝，而是一片流沙，他在流沙中不停挣扎，越陷越深，而那些宝物，早就被埋在流沙下面，不见踪影。

　　贪得无厌的结果就是什么都得不到，所以，学会做一个知足常乐的人，会收获更多。

　　其次，请学会放下，学会宽容。爱计较的人是很辛苦的，不要再为那些芝麻绿豆的小事大动干戈，吃一点亏的后果没有那么严重，要懂得吃亏是福。

现在，请为你的人生设定一个目标，目标可大可小，目的只有一个，就是要让自己的人生过得更有价值，更有意义。我认为，让自己的人生过得更有意义的最好方式就是存善心、做善事，把美好的事物与他人分享，去帮助社会上有需要的人。

智德禅师在院子里种了一株菊花，秋天一到，院子里就开满了菊花，到处都是菊花香，来禅院的信徒们常常在这个花香四溢的院子里流连。有一天，一个信徒对智德禅师说，他想讨几株菊花种在家中，让家人也能每天看到美丽的菊花，闻到芬芳的花香，禅师欣然答应。

消息传开后，前来要花的人越来越多，智德禅师一一满足了他们的要求，没过多久，禅院里的菊花就都送出去了。弟子们看到什么也没有的禅院，不禁有些感伤，他们略带惋惜地对智德禅师说："真可惜啊，这里本来是满园飘香的。"智德禅师笑着说："可是，你们想想看，这样不是更好吗？几年之后，将会是满村花香四溢了！"

独乐乐不如众乐乐，美好的事物如果独享，不免有些浪费，何不把它们拿出来，与身边的人分享，让每个人都感受到一份美好，收获一份快乐，能够给他人带去快乐，无论大小，都是一件有意义的事。

当然，有意义的事还有很多，有人选择放弃灯红酒绿的生活，拿出更多的时间与家人共享温馨自在的家庭聚餐；有人选择打开心扉，抛去郁闷的阴霾，广交朋友，做个阳光开朗的人；有人选择利用休闲时间，参加义工活动，做一名志愿者，帮助有需要的人……无论你选择什么样的生活，目的只有一个，让自己的生活过得更有意义。

热爱生活，善待自己，过有意义的人生，其实非常简单，只要你懂得爱自己，那些所谓的奢侈品——快乐、幸福、健康——一点儿也不奢侈，他们本来就是免费的必需品。

坚持不懈，
使平凡的人生变得卓越。
当你坚持不下去时，
当你想放弃时，
当你对现在做的事
又失去兴趣时，
你就想一想，
我都跑了这么远了，
为什么又要
回头去从零开始，
难道我这一辈子
只做一件事：
归零，归零，归零？

9

世界上没有失败，只有放弃

这个世界上，成功的人很多，失败的人更多，失败的人总有各种各样的理由，但那些都是借口，不成功的原因归根结底就是他们放弃了！通往成功的道路，不可能是一帆风顺，一路畅通的，总要面对许许多多的困难和阻碍，没有走向终点的人是因为在面对困难时，他们选择了放弃，没有一颗坚持的心，没有一份坚定的信念。坚持很难，放弃容易，这就是为什么成功的总是少数，而失败的总是大多数。

林肯是美国历史上最受尊敬的总统之一，他的一生颇为传奇。从小开始，苦难和挫折就如魔鬼般伴随着林肯的成长，但比这魔鬼更强大的，是林肯那颗永不放弃的心。22 岁时，林肯第一次经商，失败了。23 岁时，林肯第一次竞选州议员，失败了。24 岁时，林肯再次经商，再一次失败，并且，在随后的 16 年，他都在还这一次欠下的债。林肯虽然最终当上了美国总统，但他的仕途也颇为坎坷，在每一个职位的竞选上，他都要先经历一次失败，甚至连续两次的失败，然后才能成功。每次竞选失败，林肯都会对自己说："这不过是滑了一跤而已，并不是死了爬不起来。"林肯用一生的不懈奋斗，告诉人们"除非你放弃，否则你就不会被打垮"。

成功需要一个过程，而放弃只是一瞬间的事，有时候成功离你很近，只需要你再坚持一下。

法国作家凡尔纳是 19 世纪著名的科幻小说和冒险小说家，曾写过《海底两万里》《地心游记》等科幻小说，被誉为"现代科幻小说之父"。凡尔纳的成功正是得益于他最靠近成功的一次坚持。

1863 年冬天，凡尔纳吃完早饭，正准备到邮局去，突然收到邮递员送来的一包鼓鼓的邮件，凡尔纳心中一惊，这样熟悉的情境已经发生过 14 次了，这一次恐怕也不例外。果然不出所料，邮件上写着："凡尔纳先生：尊稿经我们审读后，不拟刊用，特此奉还。"这是第 15 次的拒信，写作之路开端就遇到这么多次的打击，凡尔纳灰心了，他发誓，再也不写了。

他拿着手稿准备扔到壁炉中烧成灰烬，他的妻子看到了，马上抢过来紧紧抱在怀中，关切地安慰凡尔纳："亲爱的，不要灰心，再试一次吧，也许这次会有好运的。"凡尔纳沉默了一会儿，决定听妻子的话，再试一次，于是他拿着手稿来到第 16 家出版社。

功夫不负有心人，这家出版社读完手稿后，立即决定出版，并和凡尔纳签订了 20 年的出书合同。

有时候，成功只有一步之遥，你也许看不到，但它就在那里等着你，只要你再坚持一下，就能获得成功。所以，永远不要轻言放弃，当你想放弃了，就告诉自己再坚持一下，再坚持一下。

有一位著名的营销大师，在卸任的时候，为学员们讲了最后一堂课，这堂课是做一个实验。这位白发苍苍的营销前辈在舞台上吊了一个很大的铅球，非常的重，他请底下几个力气大的学员来敲打铅球，第一个学员力气很大，举着大锤子砸，砸了十几二十下，铅球还是纹丝不动，第二个学员试了，也是纹丝不动，第三个学员敲打了一阵子，还是纹丝不动。因为实在是太重了，几个学员都觉得敲不动的，就放弃了。

这位营销大师换了一个很小的榔头自己来敲，敲了十几分钟铅球还是一点动静都没有，他就继续敲，又过了十几二十分钟，还是一样。这个时候很多观众开始议论纷纷，这么沉的球，用这么小的榔头，敲得动吗？后来有的人坐不住，先走了；有些人开始烦躁起来，这个老头在干吗？不是在浪费我们的时间吗？于是，他们也走了。营销大师每敲十几分钟，就走掉一批人，最后只剩下很小的一部分人。不知道过了多久，这个铅球开始晃动起来，在场的人看到都十分惊讶，营销大师用很小的榔头使这个沉重的铅球晃起来了，现场响起了掌声。

这就是坚持的力量，物体是有惯性的，只要慢慢地敲打它，一旦把它敲起来，无论有多重，它都会因自身的惯性而晃动起来。营销大师想用这个实验告诉学员们，无论是做营销，还是做其他的事情，都贵在坚持，不轻易放弃。那些只敲了几下就放弃的学员，那些没有耐心提前离开的观众，他们注定是很难成功的，因为在困难面前，他们选择了放弃。每一项事业的完成，都是由最初小小的坚持积累下来的，只要有恒心，有耐心，不放弃，总有一天你也能敲动你的大球。

在这个故事里，我们看到那些提前放弃的人，他们的理由肯定是球太重，不可能敲动，做这件事浪费时间。坚持的理由似乎很难找，放弃的借口却有千千万。客观的，大环境的不适、硬件的缺乏，甚至自然环境的影响；主观的就更多了，条件太艰苦、没有自信、没有时间、没有兴趣……现在，很多年轻人选择创业，但能走到最后，闯出成绩的并不多，因为在这支创业大军中，很多人因为不同的原因选择了放弃，倒下了，退出了。还有很多选择就业的年轻人短短时间内频繁换工作，对每一份工作都百般挑剔，不愿吃苦，即使走入职场三五年也混不出个经验和成绩，对每一份工作都轻易放弃，却没想过每一次都得从头开始，还没开始积累便又放弃，如此循环，永远沉淀不出东西。

我爱打折网的创办人韩华是一个"80后"女孩，2004年，她辞去了待遇优厚的工作，创建了"我爱打折网"，目前该网站已经成为北京知名的生活消费资讯网站。

韩华从大学时期就有创业梦想，毕业后，她一边上班一边寻找市场空缺，在做好前期的经验积累和资金准备后，韩华辞掉了工作开始创业之路。创业无疑是艰辛的，第一年春节，由于没钱买车票回家，韩华只能告诉父母，自己因为工作忙，不能回家过年了。在创业初期，韩华的办公室里堆着成箱的方便面，后来她都觉得那段日子不堪回首。她说："当时要做的事情很多，没有时间正经吃饭，每天只能靠方便面填饱肚子。"韩华认为自己成功的原因就是坚持，"只有坚持才能走到最后，只要坚持总会有办法。"

韩华的经历应该会引起很多创业者的共鸣，几乎每一个创业的人都会遇到这些困难，甚至更多，但是为什么韩华成功了，而很多创业者却没能见到胜利的曙光，因为韩华坚持下来了，而那些没能成功的人都提前放弃了。坚持的结果或许并不一定是成功，但放弃的结果就只有一个，就是失败，或者应该说，没有失败的人，只有放弃的人。

10

改变是一时的痛苦，不改变是一世的痛苦！

有两个贫苦的樵夫，他们靠上山砍柴养家糊口。有一天，他们在山里发现了两大包棉花，两个人都很高兴，因为棉花的价格比柴薪高出好几倍，把棉花卖了，可以让他们一家人一个月都不愁吃穿。于是，他们各自背了一袋棉花，赶路回家。

走着走着，其中一名樵夫看到路上有一大捆布，走近一看是上等的细麻布，足足有10多匹，他喜出望外，便和同伴商量，一起放下棉花，改背麻布回家吧。

但是他的同伴却不这么想，他觉得自己辛辛苦苦背着棉花走了这么远的路，现在丢下棉花的话，之前的劳力岂不是白费了，因此他还是执意要背着棉花回家。

又走了一段路，背麻布的樵夫又看到树林中有些东西，金光闪闪，他仔细一看，竟然是黄金，心想这下可就发财了，于是他赶紧叫他的同伴放下棉花，改用挑柴的扁担把黄金挑回家。

没想到他的同伴还是不愿意丢下棉花，不想之前的辛苦白白浪费，而且还怀疑黄金是不是真的。

发现黄金的樵夫只好自己挑了两坛黄金，和背棉花的樵夫一起赶路。走到山下时，天空居然下起了大雨，他们被淋得湿透。更不幸的是，背棉花的樵夫肩上的棉花吸尽雨水，重得完全背不动了，现在，这位樵夫不得已，只能狠心丢下辛辛苦苦背了一路不愿放弃的棉花，空着手和挑金块的樵夫回家。

这个空手而回的樵夫，看似有着执著的精神，一路坚持，其实他是固执，不懂得变通，不愿意改变，如果他听了同伴的话，改背其他的东西，也许在那一刻觉得有些可惜，却可能换回更大的收获。

面对机会，不同的人会做出不同的选择，有的人懂得及时做出调整，抓住机会，有的人却固执不肯接受任何改变。在人生的某些关键时刻，不同的选择往往会造就迥然不同的人生。

李宁品牌的新广告语是"让改变发生"，这里要谈的不是李宁这个运动品牌，而是李宁这个人。大部分对体育有一点了解的人，认识李宁，应该都是从体操王子这个称号开始的。1984 年洛杉矶奥运会，李宁独揽体操项目 3 金 2 银 1 铜 6 枚奖牌，成为当届奥运会获得奖牌最多的运动员，在职业生涯中，李宁获得国内外比赛共 106 枚奖牌，与球王贝利、飞人乔丹并列成为"20 世纪最伟大的运动员"。

李宁的人生从体操开始，但不仅仅局限于体操。25 岁时，李宁参加了汉城奥运会，与上届奥运会的辉煌不同的是，这一次李宁频频出现失误，在回国后的第二年，李宁宣布退役，正式告别了体坛。

退役是每一个运动员都会面临的时刻，退役之后，李宁何去何从？是作为教练留在体操队伍中，还是做出一些改变，选择另一条可能的道路？

李宁做出了改变，他离开了体操，踏上了新的陌生的征程——投身商海。李宁一直得到当时健力宝集团董事长李经纬的赏识和支持。退役后，李宁在健力宝短暂工作过一段时间，后来创立了以自己的名字命名的运动服装品牌。其实，李宁投身商海，创办自己的运动服装品牌并不是偶然，在当运动员时，每次出国比赛，他们都是穿着国外品牌的运动服装，常常被误认为是日本人，当时李宁就在想，什么时候才可以穿着自己国家的运动服走上赛场。

在 1992 年的巴塞罗那奥运会上，李宁实现了自己的梦想，中国体育代表团穿着李宁牌的运动服出现在奥运赛场上。李宁品牌在随后的发展中获得一步步的成功，逐渐成为中国体育用品的第一品牌。当然最近几年，李宁品牌有"老化"的趋势，李宁本人正发力想"再造李宁"。

我们无法得知，假如当年的李宁没有改变自己的人生发展轨迹，继续从事与体育运动更紧密相关的一线工作，现在的李宁会是怎样。但不可否认的是，当年从体操运动员转变成一名商人，李宁的改变是成功的。在两个完全不同的身份和职业中转变，从一个熟悉的环境到一个完全陌生的环境，当中的辛苦有我们可以想象到的，也有我们无法想象到的，但是，李宁的成功转型让他所经历的辛苦都成为宝贵的财富。

是的，改变是痛苦的，改变是有风险的，改变是要付出代价的，但是，人生有一些东西是一定要改变的，否则你就注定不能成功。一些人之所以一直不愿意改变，是因为太懒惰，他们对生活的态度基本就是做一天和尚撞一天钟，得过且过。还有一些人，则是因为害怕风险，宁愿安于现状。其实，改变最难的不是具体做出什么改变，而是要做出改变时所下的决定，当你下定决心改变，就没有什么事能难倒你了！

所以，从现在开始，认真检视自己的生活和工作。生活是否过于平淡，开始不期待每一个明天了？工作是否太乏味，看不到自己的前途在哪里？那么，开始改变吧，换一种生活，换一份工作，或者从一件件小事开始，让自己的生活和工作重新焕发生机，让自己重新变得热爱生活和工作。

11

乱世出英雄，低潮显豪杰

最近看了《当幸福来敲门》，这是一部励志和非常感人的电影，改编自美国著名黑人投资专家克里斯·加德纳的同名自传。正如影片中所演的，克里斯·加德纳年轻时贫困潦倒，身边还有一个一岁多的儿子要养活，最困难的时候，他们无家可归，加德纳只能把自己仅有的一点点财产背在身上，然后提着尿布，推着婴儿车，带着儿子四处寻找流浪者的收容所，实在找不到地方住时，他们只能在公园，甚至卫生间里勉强过夜。

影片中加德纳开始的处境实在令人同情，让人感动的是他那种永不放弃、坚忍不拔和乐观的心态。从事推销工作的他，每天带着笨重的骨密度扫描仪四处拜访客户，一遍又一遍地推销，一次又一次地被拒绝，虽总有落寞神情，但从没见他放弃。在争取到一份竞争激烈的无薪实习后，加德纳的境况更加困难，雪上加霜的是，难以忍受穷苦生活的妻子选择了离开他，为了照顾儿子，他还要去教堂排队，争取教堂的救济房。加德纳回忆起这段经历时，他说："在我二十几岁的时候，我经历了人们可以想象到的各种艰难、黑暗、恐惧的时刻，不过我从来没有放弃过。"

影片中，加德纳乐观、不放弃的精神还体现在他对儿子的教育上，即使境况如此贫穷潦倒，加德纳还是不断地鼓励儿子："别让别人告诉你你成不了才，即使是我也不行。""如果你有梦想的话，就要去捍卫它；如果你有理想的话，就要去努力实现。"加德纳的生命力极其顽强，生活越是困难，他越是强大，越是低潮，越是奋发，加德纳始终相信，"幸福自己会来敲门，生活也能得到解脱"。

很多人都希望成功的路上是一帆风顺的，很怕突然遇上挫折，总有畏难情绪，但历史告诉我们，现实也告诉我们，这种可能性是微乎其微的。其实，挫折、逆境、大风大浪，这些都是成功路上必然要出现的，要成功，就必须要接受考验。在这一路上，有的人倒下了，有的人退缩了，有的人过关斩将，走到了最后，收获了成功的果实，成功对一个人的考验从来就不是在安逸的环境中体现的。

古人云，乱世出英雄。为什么呢？因为在乱世中，社会失去了秩序，大多数人都是惶恐不安的，危险和苦难层出不穷，世界仿佛失去了希望。但是，我们知道，有危险，就有机遇，乱世不可能是一个常态，在这个时候，要想摆脱乱世、改变乱世，就需要能够承受住重重苦难的人。谁能保持清醒，谁能镇定自若，拿出本事，谁就能崭露头角，成为英雄。古今中外，许多英雄人物的出现都验证了这个道理。看秦末的陈胜吴广、三国时的曹操、明末的一代闯王李自成，再看第二次世界大战时的沙漠之狐隆美尔、指挥诺曼底登陆的艾森豪威尔和蒙哥马利，他们或依靠聪明才智，或凭借坚韧毅力在乱世中拼出一番作为。

当然，现在是和平年代，地球上除了少数还有战乱的国家，大部分人生活在没有战争、没有硝烟的世界中，就没有所谓的"乱世"。但是，和平年代也有和平年代的逆境，虽然没有硝烟，但有的人有身体缺陷，有的人无钱无物，有的人缺乏知识，有的人缺乏机会，再加上社会环境的影响，和平年代的人要成功，需要面对的困难也并不少。但是，古往今来，时代变了，世界变了，真理是不会改变的——逆境使人成长。

"我觉得我的人生中只有两条路，要么赶紧死，要么精彩地活着"。看过2010年的《中国达人秀》的朋友也许会对这句话有些印象，说出这句话的是一个25岁的小伙子，一个失去双手，用脚弹钢琴的年轻人。

这个年轻人名叫刘伟，10岁的时候，刘伟在和同伴玩捉迷藏时不慎摔在10万伏的高压线下，经医生诊断，需进行双上肢截肢手术才可保全性命。当刘伟醒来时，发现自己失去了双臂，在很长一段时间内都非常消沉，对人生感到失望。但是，刘伟的父母并没有因此放弃刘伟，而是按照对正常孩子的要求去要求他，慢慢地，刘伟也意识到自己应该振作起来，于是他开始努力学习，而且很多事情都完成得很好。

后来，刘伟在一个游泳教练的介绍下开始学习游泳，并取得了全国比赛的冠军，当时，刘伟的梦想是拿到一枚残奥会的金牌。但是，命运再次对他施加了挑战，高强度的体能消耗使刘伟患上了过敏性紫癜，刘伟必须放弃训练，否则就有生命危险。奥运冠军的梦想就此破灭。

但此时的刘伟已经学会用乐观的态度面对生活中的挫折，他不会向命运低头。高三的时候，他喜欢上音乐，自学了许多乐理知识，临近高考时，刘伟做出了一个重大的决定，放弃高考，学习音乐。没有手怎么学钢琴？妈妈鼓励他，别人家的孩子能用手弹钢琴，你也可以用脚弹钢琴。

于是，刘伟踏上了难以想象的、艰辛的钢琴之路。脚趾磨破，双脚肿痛，这些都不算什么，刘伟需要承受的是精神和体力的双重考验。这一路的坚持总算得到回报，刘伟一年内就达到了正常人业余钢琴7级的水平，后来，他站在《中国达人秀》的舞台上，用脚弹奏出的音乐感动了无数人。2011年，刘伟登上了维也纳金色大厅，演奏中国名曲《梁祝》，并受邀前往伦敦与前首相夫人切利·布莱尔会面。

相信每一个了解刘伟故事的人，都会被他的顽强毅力所感动、所鼓舞。刘伟人生中的逆境从10岁开始，也许像刘伟这样遭遇不幸的人还有很多，但不是每个人都能够经受住逆境的考验，有些人选择退缩；有些人万念俱灰便从此不再振作，有些人选择认命，但刘伟没有。看到刘伟，不禁想起两百多年前那位同样用钢琴宣告成功挑战逆境的伟大音乐家贝多芬，他们都是扼住命运咽喉的人。

不甘平凡的人生注定是起起伏伏，有高潮有低潮，有巅峰有低谷，跌入谷底看似不幸，实则大幸，因为这已经是谷底了，再坏也坏不到哪里去，多么简单的道理，但并不是人人都能感悟到。跌入谷底并不可怕，放弃希望才最可怕，如何走出谷底，战胜逆境，你需要把自己变强大，而在这个过程中，最重要的就是你的心态，正如刘伟所说："只要内心强大，人就会强大。"

12

享受工作其实更快乐

现代人的工作压力越来越大，抱怨工作有时已经成为聚会的主要话题。人们抱怨工作，都在抱怨些什么呢？工作量大、常年加班、薪水太低、同事不好处、办公室环境不好……要抱怨总是能找到理由，人们辛辛苦苦地找工作，找到之后又在唠唠叨叨地抱怨工作，这样的人生不免也太悲催了。其实，工作，是可以用来享受的，真正懂得享受工作的人，才能从中获得快乐。

举个简单的例子，如果让你自己去爬华山，带着旅游的目的，你一路上心情肯定非常愉悦。但是，如果你的老板告诉你，他有一串钥匙落在山顶了，要你去帮他捡回来，这时你会是什么心情呢？肯定会一路爬山，一路骂：这个老板真烦，这个老板真差劲，再这样，我辞职算了。

你有没有想过，其实你完全可以换一种心情：不就是去捡串钥匙吗？我当成旅游好了，边爬山，还可以边看风景，何乐而不为，老板给我的其实是个美差呢。

显然，第一种人是把工作当苦差事；第二种人，则是把工作当享受，后一种人肯定会比前一种人快乐。

不过，话虽然这么说，要做到可不容易，要学会享受工作，首先需要解决几个问题：

一、你在为谁工作？

　　大家应该经常听到这样一句类似的话："我辛辛苦苦为他工作，他居然只付给我这点薪水！"说这话的人，肯定是某家公司的员工，而话中的"他"，当然就是老板了。你是不是也觉得，当你找到一份工作，你就开始为老板而工作了？也许很多人会说，难道不是吗？我做的事情不都是老板布置下来的，不都是为了公司的业务吗？其实，你有没有想过，在一份工作中，你不是一直都在付出的，你也是有收获的。最直观的莫过于每个月打入你银行卡里的薪水，且不说是多是少，这就是一份直观的收获。当然，在工作中，只想着薪水是远远不够的，这会使你目光短浅，只看到眼前的利益，不利于你职业生涯的发展。

　　除了薪水，你接受的培训，提高了你的职业技能，提升了你的职业素养，这些都是你的收获。若你工作表现好，你还会升职加薪，你的职业之路又向前迈出一步，你看到的东西，接触到的人，你的眼界都会比以前开阔，见识也更广，这也是你的收获。

　　一份工作，给予你的绝不仅仅是一份工作。稻盛和夫在他的书《干法》中说道："工作是对万病都奏效的灵丹妙药，通过工作你可以克服各种困难和考验，让自己的人生时来运转。"当你全身心投入工作时，你会逐渐养成良好的工作习惯，为了把工作完成得更好，你会不断地督促自己去学习，去提升，你会一直处在进步和成长之中。稻盛和夫认为，人工作的目的是为了提升自己的心态，塑造自己的人格。当你养成了良好的工作习惯，你的工作成果会体现出你的工作习惯，而习惯造就人的性格，所以，从一个人做事的样子是可以看出一个人的性格的，而工作，对塑造一个人的性格起着非常重要的作用。

　　因此，当你看完上面的分析，再回答一次这个问题：你在为谁工作？你还会给出相同的答案吗？我想，应该大多数人都会有另一个答案。其实，只要工作时间长了，你就会明白，你不只是在为老板，为公司工作，你也在为自己工作，甚至可以说，主要是在为自己而工作。一般说来，一个人从二十几岁开始工作，到六十几岁退休，一生中有长达 40 年的时间是在工作的，那么在这 40 年中，人是会成长的，这段时间也是人成长最重要、最快的时期，而这段时间一个人的成长，所经历的磨炼主要就是来自工作。

二、你如何工作?

你的办公桌上是否堆满东西，乱糟糟的一片，每次找点东西都要浪费很长时间? 你对每一项工作的态度是不是完成就好，不讲究质量? 你是不是一个拖延症患者，不到最后一刻绝不开始工作? 要享受工作，需要养成良好的工作习惯，积累高效的工作方法，首先要善于按轻重缓急的原则安排工作，及时处理工作，给自己打造一个整洁舒适的工作环境。如果你上班看到杂乱的桌子和一堆尚未完成的任务，心情肯定会受到影响，工作必然也会受到影响，长此以往，对身体健康亦无益。

美国宾州大学医学院教授约翰·斯托克向全美医学会宣读过一篇论文，标题是《神经官能症状类似的多种官能疾病》。在论文中，斯托克在讨论"患者的心理状态"中提到 11 种症状，他谈的第一种症状是："绝对必须和尽义务的感觉，心中有一堆没完没了的待办事项。"

著名心理学家威廉·萨德勒就运用这种简单的方法，免除了一位病人神经崩溃的灾难。这位病人是芝加哥一个大工厂的高级主管。他去找萨德勒医师时，正处于紧张担忧的状态。

萨德勒医师说："当他开始叙述他的状况时，我的电话响了，是医院打来的，我未加拖延就当场做出决定。我总是尽可能当场解决问题。才放下电话，又有电话进来，结果是另一桩紧急事件，我花了点时间讨论。第三次打断我们的谈话，是我同事来请教另一位情况严重的病人的意见。我处理完后，回头来向我的病人道歉让他久等。可是他整个人的表情都变了，他变得豁然开朗的样子。"

"不用道歉，医生，"那位病人对萨德勒说，"前面这 10 分钟，已让我看清自己的问题在哪里。我回到办公室就要重新调整我的工作习惯……不过在我走前，能不能让我看一看你的办公桌?"

萨德勒打开办公桌的抽屉，全是空的——除了一些文具用品。病人又问他："告诉我，你把未完成的东西摆在哪儿？"

萨德勒的回答是："办完它！"

过了六周，这位病人请萨德勒参观他的办公室。他打开抽屉，里面没有一件未办的事。他说："再也没有堆积如山的公文让我紧张烦躁不安。最令我惊奇的是，我完全恢复健康，一点毛病也没有了。"

除了良好的工作习惯，还要积累高效的工作方法。工作中经常会遇到同一类的事情多次发生，那么就应该总结出一套适用的方法，在下一次遇上时便能快速反应以节省时间。就拿家具店里的销售工作来说，面对不同的顾客，销售人员也是有不同的销售方式，通过与顾客的交谈判断其需求，再用恰当的方式服务顾客，这样便可以达到事半功倍的效果。

三、你同谁一起工作？

抱怨工作的人中有很多抱怨的是一起工作的同事，这个同事太懒，那个同事诸多刁难，因为不喜欢和某个同事工作而跳槽……可见，同事关系的好坏对工作的影响也是很大的。一份工作，总不可能都是单打独斗，团队工作才是一种常态，而良好的同事关系除了可以提高团队的工作效率外，还可以营造一个良好的工作氛围，当你的同事关系的愉悦指数是正值的时候，你才会做得开心，才能享受工作的快乐。

举一个反面的例子。在某公司里，有一名从名牌大学毕业的业务员。在同事中间，他的学历最高，业绩也最好。大家也都非常尊重他，积极配合他的工作。但是他却渐渐地开始有点目中无人了，非常自大，并且开始强烈要求同事帮他做事。开始时，大家都还勉强接受，但后来他越来越口无遮拦了，用命令的口吻要同事帮他做事。这时，同事都不买他的账了，就连他办公桌上的电话也不给他接了。由于他出差时，电话老是没人接，因此他在客户心目中的地位开始大打折扣，业绩大不如前。后来其他同事通过努力合作，业绩还超过了他，自尊心极强的他觉得没面子，于是找了个借口辞职走了。

相信在很多公司当中都有这样的人存在，这完全是损人又不利己的行为。人与人之间，应该互相尊重，真正厉害的人更是谦虚低调的。同事之间，应该是平等和气的，而不是颐指气使，否则，你只会越来越不受欢迎，越来越不开心。

享受工作，其实没有那么难，当你学会了享受工作，你会觉得人生的快乐又多了许多。每天早上不是挣扎着与闹钟怄气，舍不得起床，而是带着满满的期待和好心情去上班。

13

要得到更多的鱼，一定要学会养鱼

人总是喜欢追名逐利，这无可厚非。然而，想要收获成功，就必须先付出行动，守株待兔绝对是愚蠢的做法。

有一个故事是这么说的，一个很落魄的年轻人每隔三两天就到教堂祈祷，每次的祷告词都一样：上帝啊，念在我多年敬畏你的分上，让我中一次彩票吧！过了几天，他又垂头丧气地来到教堂，仍然跪着祈祷：上帝啊，你为什么不让我中一次彩票呢？周而复始，年轻人每次都这样祈祷，直到最后一次，他看着前方说："上帝啊，为什么你听不到我的祈祷呢？就让我中一次彩票吧，一次就够了……"就在这时，圣坛上传出一个洪亮的声音："我一直都在这听你的祷告，可是，你最起码也应该先去买一张彩票吧！"

日日夜夜期盼着中彩票的年轻人，原来一直都只是在空想，连一点实际的行动都没有，还埋怨上帝的不帮忙。说到梦想、理想、目标，几乎每一人都能慷慨激昂地高谈阔论一番，但是为什么不是每一个拥有目标的人都能实现自己的目标，因为他们一直都"只是想想而已"。

一分耕耘，一分收获。这句老话虽老，却道出了最朴实的真理。农民想要在秋天收成，必然要在春天播下种子，然后勤耕细作，人要成功也一样，要先播种，先付出。

一个小男孩问上帝："1 万年对你来说有多长？"上帝回答说："像 1 分钟。"小男孩又问上帝说："100 万元对你来说有多少？"上帝回答说："像 1 元。"小男孩再问上帝说："那你能给我 100 万元吗？"上帝回答说："当然可以，稍等 1 分钟。" 凡事皆不是举手可得的，需付出时间及代价。

一个人的成功需要多长时间，这没有一个标准，因为每个人的目标和能力不一样，但无论时间长短，最重要的还是"勤奋"二字。

以前，有两个酷爱画画的年轻人，其中一个很有天赋，另一个的资质则稍逊一筹。20 岁的时候，有天赋的年轻人由于沉迷于灯红酒绿的世界，渐渐地把画笔放下了，而资质较差的那个年轻人则坚持下来了。他生活贫困，为了过日子，每天还需下田劳作，每天回来再晚再累，他都要点亮油灯，伏在破桌上全神贯注地画上一个小时。即使是做木匠为别人打制桌椅床柜的时候，他的工具箱里也永远装着笔墨纸砚，一旦在路上有休息的时间，他就会铺上白纸绘画，有时候甚至以草棍代笔，在泥地上画一通。

40 年后，他成功了，从湖南湘潭一个名不见经传的小镇上的一介木匠，变成了蜚声世界的画坛大师，这个人就是齐白石。

后来，那个原本跟他一样酷爱画画的同伴去拜访他，两个年过六旬的老头回忆起当年画画时的艰辛，同伴还为当年的放弃感到惋惜。齐白石笑了，说，其实成功并没有像你想象的那么艰辛，从木艺雕刻匠到绘画大师，也就用了四年多的时间。

同伴听了很吃惊，齐白石就拿出纸笔计算给他看："我从 20 岁开始真正练习绘画，35 岁前一天只能有一个小时绘画的时间，一天一小时，一年 365 天，只有365小时，365小时除以24,每年绘画的时间是15天。20岁到35岁是15年，15年乘以每年的15天，这15年间绘画的全部时间是225天；35岁到55岁的时候，我每天练习绘画的时间是2小时，一年共用730小时，除以每天24小时，折合31天，每年31天乘以20年合计是620天；从55岁至60岁，我每天用于绘画的时间是10小时，一年是3650小时，折合152天，5年共用760天。20岁到35岁之间的225天，加上35岁到55岁之间的620天，再加上55岁到60岁时的760天。我绘画共用了1605天，总折合4年零4个月。"

4年零4个月，对一个人的成功来说其实是很短的时间，但却贯穿了齐白石人生中的40年，如果没有那份热爱和勤奋，每天挤出时间来练习，即使给予十个4年，也难以成功。

如果成功是鱼，那么奋斗的过程就是养鱼的过程，养鱼除了需要耐心地付出时间，还要付出精力和智慧，掌握养鱼的方法。要收获财富，同样要付出精力去经营，要用正确有效的方法去奋斗。

一个年轻人问他的父亲："如果我要在这条街上赚钱，我应该做些什么准备？"父亲说："如果你只想赚小钱，只要开个小店，进点货物就可以了；如果你想赚大钱，那你就得准备为这条街的街坊邻居做点什么了？"年轻人又问："那我可以做点什么？"

父亲说："可以做的事情有很多，比如街上的树叶很少有人扫，你每天清晨可以扫一扫；邮递员每天送信，有许多信件很难找到收信人，你也可以帮忙找一找；另外，不少家庭需要得到一些举手之劳的帮助，你可以帮一帮……"年轻人听了，感到很疑惑："这些事情跟我做生意没有关系啊？"父亲笑了笑说："你想做好生意，这些事情一定对你有帮助。"年轻人虽然对父亲的话半信半疑，但还是照做了。

不久后，这条街上的人都知道了这个年轻人。

半年后，年轻人的商店挂牌营业了，让他惊奇的是，来的顾客非常多，差不多整条街坊的邻居全都成了他的客户，一些老人还拄着拐杖特意到他的商店买东西："我们知道你是个好人，来你这里买东西，我们放心。"后来，他送货上门，遇到一些经济困难的人家，总是让他们先赊账。仅仅几年间，他就成了著名连锁店的老板。

　　年轻人终于明白父亲当年对他提出的建议了，要收获一个美好的结果，必须先有所付出，利他同时也是利己。成功就是这样，想要得到更多鱼，一定要先学会养鱼，要舍得付出，懂得付出，才能得到自己想要的。

人因为逐到利而快乐，
这无可厚非。

利欲也是促进创造力
和推动社会发展
的重要动力。

不过获得财富
的最好方法是
先付出而利他。

所以，
你要得到更多的鱼，
一定要学会养鱼。

130

14

成功的四个要素

继续来谈成功。成功的因素要很多，前面的文章多多少少提及成功的因素，这里主要谈的是其中的四个重要因素：自信、专注、责任和积累。

但凡成功的人，无论是从神情还是处事作风来看，都是自信的。人要成功，首先要自己相信自己能成功。我经常跟我的员工讲，如果你不自信，就每天在照镜子的时候告诉自己，我是最棒的，我什么都可以做到，别人能做到的，我也能做到。每个人出生的时候，从父母那里得到的就是最优秀的你，你不会比别人差，如果你觉得自己比别人差，说明你现在还不相信自己，一个成功的人最重要的一项特征就是自信。

哈佛心理学院曾经做过这样一个测试。在一个班里，有一个不太自信的女孩，她长得不太漂亮，班里的人经常会欺负她，冷眼看她，跑腿的事经常都是她干，漂亮的女孩子看不起她。由于这个女孩子比较内向，不爱参与集体活动，这样也导致她越来越自卑。心理学教授就做了一个实验，告诉班上的同学，从明天开始，大家都不许冷眼看她，不许老说她的不是，开始对她亲切一点，多一点微笑，慢慢地夸她。

教授用了一年的时间做这个实验，大家开始笑脸对她，开始邀请她参加活动，开始夸她，慢慢的，这个女生的情绪就开始变化了，变得越来越开朗，越来越热情，变得很活跃，因为她自信了。一年下来，她从一个自卑的人变成一个自信的人，看起来也漂亮了许多。据说后来这个女孩还嫁了一个有钱人，生活非常幸福。

自信有时候就像魔术师一般，可以使你的生活化腐朽为神奇。那么，要怎样建立自己的自信心呢？

第一，你要树立信念，这个信念就是：我不比别人差。这个世界上 95% 的人智商都差不多，所以你一点都不比别人差，你欠缺的只是自信而已。也许在目前的工作中，你有些地方做得不如别人好，但你要相信自己，可以做得更好。然后，你要有坚持下去的勇气。自信这东西是要慢慢积累的，坚持下去，外界再怎么干扰我，我都不受影响。最后，学着给自己绘制成功的蓝图，想着自己成功的时候会是什么样子，然后对比现实，看看自己还有哪里做得不足的，及时改进。

第二个要谈的因素是专注。专注可以聚合一个人的时间和精力，让自己可以坚定地朝某个目标努力。玖龙纸业的董事长张茵就是一个做事非常专注的人。张茵由于家境贫寒，很晚才上大学。1985 年，张茵看中了废纸回收业务的商机，毅然辞去高薪工作，带着三万元闯荡香港。1990 年，张茵和丈夫在美国成立中南控股公司，进一步拓展废纸回收业务。1996 年，张茵在东莞建立了玖龙纸业，并得到迅速发展。2006 年，张茵登上胡润百富榜榜首，成为中国第一位女首富。创业以来，张茵一直专注于废纸回收和造纸业，正是这份对事业的专注和执著，帮助张茵一步一步登上事业的高峰。倘若当时的张茵不是一心一意，而是什么都想尝试，估计她也很难有今天的成就。

发明大王爱迪生也是一个十分专注的人，他的专注导致他常常做出一些让人哭笑不得的事情。据说在他结婚当天，有很多人来祝贺，但是婚礼进行中却发现新郎不见了，原来他跑到实验室去了，因为他突然想起一个东西，觉得一定要马上去实验室研究一下，结果一钻进实验室就忘了自己正在结婚。

其实我自己有时候也会这样，半夜想到什么事会马上起来，拿笔记下来，不管是深夜还是凌晨。我跟别人讲话的时候也经常会走神，因为脑子里想着这件产品或者那个装修方案。想要成功的人都应该培养专注的性格。

第三个因素是责任。责任重于泰山，无论是一个人，还是一家企业，想要成功，必须有责任心，勇于承担责任。有责任心的人做事让人放心，也容易得到他人的尊敬和重用。我以前在国有企业工作，做总裁秘书，我可以做到老板离不开我，出差连衣服什么的都是我收拾的，他要用的东西都安排好，在哪里睡觉都是我安排的，非常仔细。后来他就天天带着我，我甚至做到帮他看文件，看完文件我会在上面附一页纸钉在那里，说一下主要内容和建议，他如果同意我的意见，有时候勾一下就可以了。这种信任来源于我对工作的认真负责，我对任何一项工作都做得很细致，因此老板才那么放心。

有责任心的人，能力会更强，因为他们要承担的事情很多，所以磨炼也多，磨炼多了，能力就提升了，也更有毅力了，当他们遇到重要任务时，能起到挑大梁的作用，这样的人就容易成功。美国前总统威尔逊说过，责任感和机遇成正比。有没有机遇实际上是看你有没有责任感，不要怕担责任，如果领导让你多做事情，给你一些责任和重要的工作，那是你的福气，这说明领导信得过你，你应该勇敢地承担起这份责任，出色地完成任务。

第四个要讲的是积累。水滴石穿，绳锯木断，磨杵成针，这些故事都说明了一个道理，成功从来就不是一朝一夕的事，而是需要经过时间的积累，岁月的沉淀。很多人之所以无法成功，就是因为他们没有耐心去积累，总想着要速成，然而成功没有捷径，需要脚踏实地，扎扎实实地积累。

《纽约客》的撰稿人格拉德威尔曾经通过研究得出一条定律——在任何领域取得成功的关键跟天分无关，只是练习的问题，需要练习 1 万小时，也就是每天练习 3 小时，坚持 10 年。只有经过这么多次的练习，才能达到精通的程度。格拉德威尔认为，天才不过是做了足够多练习的人，艺术领域也不例外，"练习不是你已经很优秀时做的事情，而是使你变得优秀的事情"。心理学家安德斯·埃里克森 20 世纪 90 年代初在柏林音乐学院也做过类似的实证研究，学小提琴的学生大约都从 5 岁开始练习，起初每个人都是每周练习两三个小时，但从 8 岁起，那些最优秀的学生练习时间最长，9 岁时每周 6 小时，12 岁 8 小时，14 岁时 16 小时，直到 20 岁时每周 30 多小时，共 1 万个小时。

　　1万个小时看起来是个很大的数字，但是当你真正开始实践这条定律，并坚持下去，你会发现，自己在不知不觉中离成功越来越近。天道酬勤，积累的过程是漫长的，或许还有些枯燥乏味，但坚持到最后的人永远是真正的赢家。

　　成功的要素还有很多，但本文中提到的四点是必不可少的，在每一个成功的人的故事里，都可以读到自信、专注、责任、积累，不同的人或许是比例不同而已。如果你也想成功，那就从这四个必备品质培养起吧，只要坚持下去，你的成功便指日可待。

15

方向比努力更重要

　　有两个从农场外出谋生的年轻人，一个买了去纽约的票，一个买了去波士顿的票。他们到了车站，跟别人一打听，才知道纽约人很冷漠，问个路都要收钱；波士顿人则特别质朴，见了街头的流浪汉都特别同情。

　　本来打算去纽约的人想，还是去波士顿好，挣不到钱也不会饿死，幸亏车还没走。原本打算去波士顿的人想，还是去纽约好，挣钱的机会真多，带个路都能挣钱，还好没上车，不然可就错过了致富的机会。后来，两个人在换票的地方相遇了，于是，两人去了对方原本想去的城市。

　　来到波士顿，年轻人发现，这里果然很好，他刚来的一个月，什么都没干，大商场里有欢迎品尝的点心可以白吃。

　　去纽约的人发现，纽约处处是商机，只要想点办法，再花点力气，就可以衣食无忧。作为一个乡下人，他最熟悉的就是泥土了，于是他在建筑工地装了10包含有沙子和树叶的土，取名"花盆土"，卖给平时很少见泥土但爱养花的纽约人。一年后，他就开了一家小小的店面。

他喜欢走街串巷，寻觅更多做生意的机会。有一次，他看到一些商业楼店面亮丽但招牌很黑，打听之后才知道清洁公司只负责洗楼不负责洗招牌，于是他抓住这个机会，办起洗招牌的清洁公司。后来业务还发展到附近几个城市。

后来，他坐火车去波士顿旅游，在路边，一个捡破烂的人向他乞讨，一看，两个人都愣住了，因为5年前，他们换过一次票。

选择什么样的道路就拥有什么样的人生，努力奋斗固然能使人成功，但前提是，你必须选对方向。如果方向对了，辛苦就如划桨，每一次用力，都会更接近目标；如果选择错了，就如汽车开错了方向，越踩油门就离目标越远。

人生旅途中，总会遇上一些岔路口，选择了一条路就意味着要放弃另一条路上的风景，选择一条路就等于选择了一段新的人生。故事中的两个年轻人，一个贪图安逸，一个愿意通过劳动致富，在人生的车站，他们最终选择了自己想去的那条路，于是拥有了两个截然不同的人生。当这位在波士顿捡破烂的年轻人看到如今已小有成就的去了纽约的年轻人时，心里是否对当初的选择悔恨不已？所以，在选择面前，既要大胆又应慎重。

而当你选择了一条对的路，就义无反顾地走下去，无论路上将遭遇多少坎坷，都不能停下，成功之路从来就不好走，当你正在走一条艰难的路时，千万不要停下来，因为，这是走向光明的开始。

阿兰·米穆是一名法国长跑运动员，曾是法国1万米长跑纪录创造者，拿过奥运会马拉松冠军，后来在法国国家体育学院执教。阿兰·米穆的成功之路充满了辛酸，他是从社会最底层拼搏出来的，从咖啡馆跑堂跑到了奥运冠军。

米穆出生在一个非常贫寒的家庭，从小，他就非常喜欢跑步，但是连温饱都不能保证的家庭无法给他提供任何物质上的支持。米穆踢足球的时候都是光着脚踢的，妈妈买给他的帆布鞋只能上学的时候穿，不然很容易就会被踢破。

米穆拿到小学文凭后，本想着申请助学金继续读书，没想到被拒绝了，没有钱念书，米穆只能开始打工生活，于是当了咖啡馆的跑堂。他每天要从白天工作到深夜，但是他始终没有忘记自己喜爱的长跑运动，于是他每天坚持早上5点钟起来锻炼，虽然没有多少时间训练，但米穆还是报名参加了法国田径冠军赛，优异的成绩使他获得了参加伦敦奥运会的资格。

参加奥运会是米穆从来没有想过的事，能代表法国参赛，他很兴奋。但是，在赛场上，没有人看得起他——一个咖啡馆的跑堂。在赛前几个小时，米穆很不好意思地敲了法国队按摩医生的门，想请他帮自己按摩一下，这位医生看都不看就说："请原谅，小伙计，我是派来为冠军们服务的。"

那天下午，米穆参加了对他来说具有历史意义的1万米决赛，他不断地超越别人，最终拿到了一块银牌，这是法国队和自己在这次奥运会上的第一块银牌；但是米穆再一次遭到同胞的嘲笑，当时法国的体育报刊和新闻记者都在嚷嚷："那个跑第二名的家伙是谁啊？准是一个北非人。肯定因为天气他才能拿到第二名的！"

然而，在四年后的又一届奥运会，米穆扬眉吐气的机会来了，这一次，他打破了1万米的法国纪录，并在5000米比赛中再一次为法国获得银牌。在后来的墨尔本奥运会上，米穆终于在马拉松项目拿到了奥运金牌。米穆再也不用去咖啡馆当跑堂了，但是他说，"我喜欢咖啡，喜欢那种香醇，也喜欢那种苦涩。"

从小喜欢长跑，选择了长跑这一条路，米穆在走向成功的路上经历了太多的坎坷，经济条件的落魄，训练带来的身体伤痛，在赛场上遭受的嘲笑和白眼，但这些米穆都承受下来了，和在跑步这项事业上的成功相比，这些磨难都已变得不值一提。米穆的每一步都走得很艰辛，因为他正走在一段上坡的路上，每向前一步，他就离成功更近一步。

有一项调查显示，3%的人，心中有目标，且有设定目标；13%的人，心中有目标，但没有设定目标；84%的人心中没有目标，也没有设定目标。10年后，13%的人的薪资是84%的人的2~3倍；3%的人的薪资是其他人的10~100倍。

这从侧面告诉我们，只有那些给自己设定了目标的人，才会成为最终的强者。在人生的旅途中，要把自己当成千里马，而不是等到别人把自己当成千里马。其实，你的目标和定位，就是你的伯乐，只要你选对了这个目标，选对了这个方向，并持之以恒地努力，像阿兰·米穆一样，成功就一定会到来。

16

检视一下自己是否还积极有活力

当一个人从事一份工作久了，或者长期保持着相同的生活状态，随着时间的推移，最初的那份激情或热情不可避免地会慢慢地被磨损，就很容易渐渐失去活力，这一点从一个人的工作轨迹上看就特别明显。办公室里，刚入职的新人总是最活跃最天真的那一个，好奇心强，看到什么新鲜事物总要问个究竟，工作时也特别卖力，能干的活都会抢着干，不能干的也会跟着学。然而，根据普遍情况，大部分新人这种积极的充满活力的状态只能持续一段时间，当他们变成老员工，就会有各种各样的"老油条"的状态出现。不过，这里说的是普遍情况，总有些人会脱颖而出，得到赏识和提升，而这些人，最大的共同点就是都有一个积极进取的心态，永远让自己保持积极、有活力的状态。

如何让自己保持积极和活力？我想，你需要一些压力。有一次，我跟一位智者聊天，他说："只有感到别人更优秀的时候才会有压力，而有压力才会有活力。"他说得极对，要让自己保持活力，就需要一些压力来逼一逼自己，如果我们贪图安逸，长期保持在一个舒服的环境中，那么你会在不知不觉中退步，正如温水中的青蛙，没有一点忧患意识。

在历史上也不乏因为贪图安逸享受而导致国破身亡的教训。后唐庄宗李存

方向比速度重要，
动力比能力重要，
学习比学历重要，
行动比决心重要，
专注比专业重要，
坚持比坚硬重要。

勖是五代时期后唐政权的建立者。他继任王位后经过多年的南征北战，后来实现了中国北方的大部统一，当时他的形象非常勇猛。

然而，在称帝之后，他认为国家已安定，不需要再辛辛苦苦地打斗，于是失去了进取心，开始贪图安逸享乐，喜欢看戏、演戏的他经常不理朝政，而是穿上戏服，登台唱戏。后来，他还宠幸伶人，任凭伶人在朝中打闹，侮辱群臣，甚至置身经百战的将士于不顾，而封身无寸功的伶人当刺史，派伶人抢占民女，惹得民间怨声四起。后来，正是他的这种萎靡生活葬送了他和政权，伶人郭从谦带着叛乱的士兵杀入宫内，在混乱中射死了带领侍卫抵抗的李存勖。

生于忧患，死于安乐。在现代社会，经济高速发展，知识更新的速度远远超过你的想象。据说，20世纪60年代，知识倍增，周期是8年；70年代减少为6年，80年代缩短成3年；进入90年代以后，更是1年就增长1倍。人类真正进入了知识爆炸的时代，现有知识每年在以10%的速度更新。而社会环境的变化更是一天一个样，在这样的大环境下，一个人如果不思进取，安于现状，那么他很快就会被淘汰。

我知道一个真实的故事，某公司运输部新招来两名大学生小方和小安。开始时两个人做事都很积极认真，但经过一段时间，小方慢慢熟悉了工作和公司的氛围，对待工作就是按部就班地完成，没出什么差错，但也没什么做得特别出色的地方，他对自己的表现也还算满意。而小安并没有安于现状，在对客户的分析中，他发现一些地段的货物运输近期常常出现滞期现象，主要是由于修路造成的，于是他通过电脑交通网络，对当地的路况进行了调查，并且每天列出一份路况交通图送给经理参阅，这份路况分析图对公司的货物运输起了很重要的作用，提高了运输的工作效率，节约了成本。3个月后，试用期结束，积极进取、主动思考的小安被公司继续聘用，而甘于现状，得过且过的小方没有获得签约机会。

这个社会最不缺的就是人才，职场的竞争也是日趋激烈，能经受住考验留下来的人是真正想要成功的人，他们时刻保持活力，他们不是怕自己不努力，而是看到比自己优秀的人比自己更努力，所以，他们就会逼着自己，给自己适当的压力，让自己一直处于爬坡的状态。如果你不想被淘汰，那么就要及时检视一下，看自己是否处于积极状态，方法其实很简单：

第一，每天早上起来，出门前照照镜子，看看自己是带着怎样的一副心情和表情去上班的，是无精打采、邋邋遢遢，还是神采奕奕、神清气爽。

第二，看看这段时间的工作中，自己做了什么贡献，是在做一些边边角角的事情，还是发挥了自己的价值，提出了有建设性的意见。

第三，回顾一下，在最近的3个月内，有没有给自己设定过工作目标和生活目标，现在进行到什么程度，是否已经完成。

第四，思考一下，对未来的3个月或者更短或者更长的时间，有没有一个计划，是要自我提升，给自己充充电，还是觉得没什么特别的想法，过一天是一天。

如果你的答案是积极肯定的，那么就请你继续，保持良好的状态，完成为自己定下的目标；如果你的答案是消极否定的，那么请你不要再让自己这么耗下去，时不我待，给自己一点压力，给自己一个目标，马上开始，让自己重回活力的轨道。

最后，用在微博上看到的一段话与大家共勉："永远成功的秘密，就是每天淘汰自己：你不与别人竞争，并不意味着别人不会与你竞争；你不淘汰别人，就会被别人淘汰。别人进步的同时你没有进步，就等于退步。你没有构建任何适应竞争、抗击风险的能力，当下一次危机来临时，你会不堪一击，第一个倒下的就是你！追求安稳，是坐以待毙的开始。"

17

梦想在于行动

梦想，应该是每个人都拥有或者曾经拥有过的，但是我们不难发现，拥有梦想的人很多，真正能实现梦想的人却很少。为什么呢？因为能够实现梦想的人是带着梦想在行动，而没有实现梦想的人则是带着梦想去睡觉去做梦。

我们常说追梦追梦，如果有梦想就应该去追寻。也许很多人会说，在现在这个时代，这个社会，谈梦想太虚无缥缈了，梦想跟现实就是一个天一个地，还谈什么梦想呢？都是空想罢了。

其实不然，我们说梦想，并不是不切实际的想法，而是实实在在根据现实情况，根据自身发展情况而定下的，是可以通过努力之后实现的。

没有梦想的人是可怜的，因为这表示他的生活没有目标，没有追求，他不知道自己每天所做的每一件事情是为了什么，意义何在。年轻人中很流行的一句话是：每天叫醒我的不是闹钟，而是梦想。然而，一个没有梦想的人，即使被闹钟叫醒了，也不知道为什么醒来。当一个人没有梦想，就如同茫茫大海上迷失方向的小船，茫然，不知道下一步应该往哪儿走。所以，每个人都应该拥有自己的梦想。

当你拥有了梦想，下一步便是积极的行动。拥有梦想却不去行动，就像一个生命没有了灵魂。英国著名文学家劳伦斯有一句名言：成功的秘诀，在于养成迅速去做的好习惯。同样的，实现梦想的秘诀，也在于马上行动。为什么有些人成功了，除了知识、经验这些每个人都可以通过努力获得的因素外，还有的共同特点就是他们善于行动，总是比别人快一步，并且总是比别人更能坚持，所以他们笑到了最后。

美国著名动作影星史泰龙高中时代的梦想是当一名演员，在成名之前，他贫穷潦倒，但他仍坚守着心中的梦想，于是他来到好莱坞找导演，找制片人。当时好莱坞有 500 家电影公司，可是没有一家愿意录用史泰龙。但为了实现梦想，史泰龙的毅力惊人，他带着自己写的剧本，重新从第一家公司开始推荐自己，这一次还是一样的结果，又是 500 次的拒绝。这个求职的过程持续了整整 3 年，没有一个人看好他，他也没有上过一个镜头。但是他没有被挫败，而是在每一次失败后检讨自己，让自己再进步一点。他时刻坚持自己的信念：没有所谓的失败，只是暂时的不成功而已。终于，在被拒绝的次数上升到 1550 次之后，一个拒绝他 20 多次的导演答应给他一次拍电视剧的机会，并且由他担任男主角。这部电视剧叫《洛基》，讲述的是一个永不言败的硬汉的故事，完全就是为史泰龙量身定做的，这部电视剧第一季就创下了收视纪录，从此，史泰龙成了家喻户晓的明星。

有些人可能会说，谈什么梦想，梦想能值几个钱，梦想能当饭吃吗？是啊，梦想到底有什么价值呢？

梦想的力量有多大，当你没有开始行动时，你永远不会知道。梦想可以让一个人变得异常强大，异常坚韧，承受自己所无法想象的打击和挫折，发挥一个人无限大的潜能。如果你是一个人孤军奋战，你的梦想也许得不到别人的理解，得不到他人的支持，但只要你坚持正确的方向，在追梦的过程中，耐得住寂寞，忍受不断来袭的孤独感，在梦想实现的那一天，你会发现之前所承受的种种痛苦和磨难都变成了宝贵的经验和美好的回忆。

亨利是一名棒球运动员，小的时候，家里很穷，但他的家庭充满了爱，他总是很快乐，他从小的梦想就是在棒球运动中展示自己的天赋和能力。他的教练贾维斯非常看重他也支持他追求自己的梦想，并在他人生的关键岔口将他拉回实现梦想的道路上。

有一年夏天，亨利刚升入高中，有一个朋友给他介绍了一份暑期工，这个赚钱的机会可能帮助亨利开始储存积蓄，将来为母亲买一座房子，但是，如果他接受这份工作，就必须放弃打球。当他把这件事情告诉贾维斯教练时，教练生气地说："你还有一生的时间可以去工作，但是你练球的日子是有限的，你根本浪费不起！"

亨利向教练解释了自己希望通过赚钱给母亲买房子的想法。教练问他："做这份工作能挣多少钱？"亨利说："每小时 3.25 美元。"教练问他："你的梦想就值一个小时 3.25 美元吗？"教练的当头棒喝让亨利知道自己想要的是什么。于是，那年暑假，亨利全身心投入练球中，后来，他被挑选成为职业球员，并签订了一份价值 2 万美元的契约。随着亨利的表现越来越出色，他的身价也在不断增加。1984 年，亨利与丹佛的野马队签署了一份 170 万美元的合同。他实现了自己小时候成为运动员的梦想，也实现了为母亲买一座房子的愿望。

亨利其实是幸运的，因为在人生最关键的时刻，贾维斯教练伸出了双手，把差点偏离梦想轨道的他拉回来，如果当年的亨利没有坚持下去，也许他一生都会为自己的决定而懊悔。

梦想的价值是什么？梦想的价值是无法用金钱来衡量的，也许你因为梦想赚到了很多很多钱，但那只能算梦想的附属品，梦想真正的价值是它让一个人拥有了信仰和力量，是人生前进的推动力。需要提醒大家的是，在追梦的路上，你会遇到很多困难，很多诱惑，你可能会被眼前的利益暂时蒙蔽了双眼，一旦你着眼于眼前，你就会忽视了远方，忘记了原本的梦想，幸运的话，有人拉你一把，让你清醒过来，像亨利那样。但更多的时候，你需要靠自己的力量，靠自己所坚持的信念走下去，披荆斩棘，毫不夸张地说，每一个拥有梦想的人都是一名勇士。梦想的彼岸有多美好，只有行动起来的人才能感受到。所以，不要再做梦了，快行动起来，勇敢地实现你的梦想吧！

睡得多容易做梦，行动多则易实现梦想！

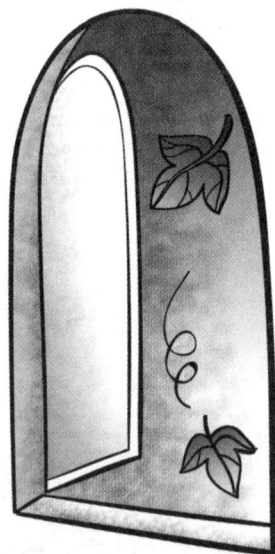

18

养成一个好习惯

拿破仑·希尔提出的 17 条成功定律中，有一条是"养成良好的习惯"，希尔认为，好的习惯可以造就人才，坏的习惯可以毁灭人才。习惯的好坏，对人的成功与否有巨大的影响力。据说，有调查表明，人类日常活动的 90% 都源自习惯和惯性，习惯对一个人的影响是根深蒂固的，有些行为我们已经想不起来为什么会这样做，但那已经成为我们下意识的行为了，我们也不会想着要去改变它，这就是习惯成自然的道理。

著名心理学家威廉·詹姆斯说过，播种行为，收获习惯；播种习惯，收获性格；播种性格，收获命运。人的性格其实不完全是先天因素造就的，而更多的是通过后天的培养形成的，不同的习惯会塑造不同的性格，不同的性格造就不同的人生。

在美国曾经有一对双胞胎兄弟，比尔和杰伊，从小，他们就被分开在不同的家庭中长大。杰伊生活在农场，每天早晨他都很早就起床，到农场帮忙干活，还要帮忙准备午餐和晚餐，在饭前要整理桌子，饭后要收拾东西。杰伊喜欢打棒球，他参加了"少年联盟杯"的棒球比赛，第一年的训练非常艰苦，但是父亲一直鼓励他要坚持下去，要迎难而上，不能做知难而退的懦夫。每天放学后，杰伊都会先练习 30 分钟的钢琴，然后完成作业，再去玩耍。从小养成的习惯让杰伊懂得了"勤奋是光荣的"，"努力和坚持终会得到回报"这样的观念。

而杰伊的双胞胎兄弟比尔接受的教育则完全不同，比尔拥有自己的房间，他常常自己一个人待着。在家里，从来没有人要求比尔帮忙做家务或收拾房间，也没有人告诉过比尔要勤奋地工作，要全力以赴地追求目标。长大之后，虽然这对双胞胎还是有一些与生俱来的共性，但是他们的做事原则和风格却截然不同。

因为长久以来，不同的习惯已经塑造出他们不同的性格，因此也影响了他们各自的人生。

优秀是一种习惯，失败也是一种习惯，当你遇到困境时，习惯常常会成为你最后能否成功的重要因素。不管有多困难，你都要想办法撑过去，只要你坚决不放弃，局势一定会改变。但如果你是一个轻易就向困难低头的人，那你就会养成失败的习惯，你就会不断地失败。如果你工作时必须要有人来督促、逼迫才能做好，那你有可能已经养成了一种消极、懒惰、好逸恶劳、不求上进的坏习惯，这种坏习惯将会把你带入一种颓丧、抱怨、忌妒的生活状态，如不改变将会影响你一生。

如果你想要成功，就从现在开始摒弃坏习惯，养成一个好习惯。要相信习惯的力量，好习惯会让通往成功之路上的你如虎添翼。

NBA 历史上有一位传奇的球星，叫拉里·伯德，无论是作为球员还是作为教练，伯德都取得了非常优异的成绩。但事实上，伯德并不是一位有天赋的运动员，但是热爱篮球的伯德从少年时期就养成了一个良好的习惯。每天早晨，伯德都会先练习 500 次三分投篮，然后再去上学。养成这个良好的习惯，即使是没有什么天赋的伯德，也成了 NBA 历史上最出色的三分球投手之一。

也许天赋很重要，但后天的训练和培养更重要，少年时养成的好习惯在无形中塑造了伯德勤奋、坚持的性格。要养成一个良好的习惯，绝非易事，也绝非一朝一夕就能养成的。有理论认为，养成一个习惯至少需要 21 天，我没有去验证过，但我可以十分肯定地说，最重要的还是"坚持"。要养成一个习惯，需要日复一日地重复同样的事情、同样的行为，很多人会因为觉得没意义，太枯燥而放弃了，其实你不要太刻意地为了养成习惯而去做某一个行为，而是要去体会当中的收获，享受当中的快乐。比如说，你要养成每天读半个小时书的习惯，你就不要老想着我是为了读书而读书的，你应该认为这是一个汲取知识的过程，从阅读中你总能有所收获，而且，每一天你阅读的内容是不一样的，你每天的收获也是不一样的。这样坚持下去，你就会在不知不觉中养成了一个好习惯。

那么，想要工作得开心，生活得快乐，要养成哪些习惯呢？

要养成计划的习惯。做任何一件事情之前，都根据事情的内容相应地做一个简单或详细的计划，什么时候该做什么，怎么做，这可以帮助你及时理清头绪，保持井然秩序，提高工作效率。有条理有秩序的生活也会让人的心情更愉快。

要养成三思的习惯。古人云，三思而后行，我们在做决定时要先仔细思考事情的利弊和可能出现的问题，冲动的人经常会做出武断的决定，有时候，一个错误的决定产生的影响可能是不可估量的，所以，做决定要三思，要果断。

要养成总结的习惯。每完成一个项目、一项任务，都务必花一些时间好好做做总结，很多人觉得这是在浪费时间，其实这是非常有用处且能节省时间的工作。做总结是为了掌握一次活动中的成功之处和存在的问题，形成案例和模式，下次再遇到同样的问题时便可轻松解决。

要养成学习的习惯。学无止境，一个人所具备的知识总是有限的，要适应时代的变化，紧跟时代的步伐，就要持续地学习，不断地吸收和消化新的知识，才不会被时代所淘汰。

要养成放松的习惯。人要工作，也要放松，这样人的生理和心理的运转才能得到平衡，工作时全心工作，放松时尽情放松，这样的人才是真正懂得过日子的聪明人。养成良好的放松习惯可以调节情绪，其实对后面继续投入工作会有更大的帮助。

要养成分享的习惯。痛苦有人分担，会减少一半；快乐与人分享，则能赠人欢笑。分享是人与人之间最好的沟通方式之一，可以分享工作中的经验，也可以分享生活中的乐趣。分享能收获经验，引发思考，还能增进感情。

美国教育家曼恩说，习惯像一根缆绳，我们每天给它缠上一股新索，要不了多久，它就会变得牢不可破。那么，从现在开始，每天给好习惯缠上一股绳索，生活的快乐也会变得牢不可破。

19

遇事多找主观原因

在网上看到一则小故事，觉得挺有意思的：

一对年轻的夫妇家对面搬来一户新邻居。第二天早上，当他们吃早饭的时候，年轻的妻子看到了新搬来的邻居正在外面洗衣服。

妻子对丈夫说道："那些衣服洗得不干净，也许那个邻居不知道如何清洗。也许她需要好一点的洗衣粉。"

丈夫看了看妻子，沉默不语。

就这样每次邻居洗衣服，妻子都会这样评论对方一番。

大概一个月后，年轻的妻子惊奇地发现，邻居的晾衣绳上居然悬挂着一件干净的衣服，她大叫着对丈夫说："快看！她学会洗衣服了。我想知道是谁教会她这个的呢？"

她的丈夫却回答道："我今天一大早起来，把玻璃擦干净了。"

大家不妨对照一下，看看自己是不是也像这位年轻妻子，遇到问题时，总是先从别人身上找原因，而不看看自己是否是用客观的态度看待问题。

我们的身边应该都有这样的人存在吧，遇到问题总是会条件反射般地把责任推到客观环境或他人身上。在职场新人中，这样的事情很常见。面试的时候迟到了，第一句话就是路上塞车，而真正重视面试的人往往会把塞车考虑到可能迟到的因素中，提前出门；工作中犯了错误，第一句话不是检讨，而是"没人告诉我应该怎么做"，认真对待工作的人不会等着别人去教他怎么做，而是会积极地请教老同事。这些看似很小的问题往往决定了求职的人在对方心中的印象，因此也关系到求职的成败和工作的长久程度。

像这种遇到问题就把责任往外推的人大多数是非常自我的，以自我为中心，认为自己永远是对的，永远是最优秀的，问题不可能出在自己身上。其实，这样的人是很容易失败的，因为没有人会乐于与这样的人打交道。

有句话说，走自己的路，让别人说去，说的是不要太在意别人的看法，但事实上，一个人的成功，有时候还真在于别人的看法。美国的马歇尔·古德史密斯博士在他的作品《管理中的魔鬼细节》一书中提出他对于成功的独到看法：少一些个人风格，多一些为人着想，就等于个人成功。当你感觉自己因为坚持一个错误的信念——也就是你的"个人风格"——而不愿意改变自己的时候，一定要记住，成功的根本不在于你如何坚持自己的风格，而在于你周围的人如何看待你。

马歇尔博士在书中举了一个例子，讲述了一个过分强调自我的人是如何失败的。马丁是纽约一家大公司的理财顾问，主要是为富人阶层管理资金，他的工作能力很强，在他的客户中，不乏白手起家的企业家、娱乐明星、富家子弟，无论什么背景，马丁都能跟他们保持良好的关系，而且马丁工作从来就是单枪匹马，在公司他也是独来独往，不需要任何助手。

有一次，马丁要为一个商业巨头负责投资业务，如果成功，马丁就有可能成为这位商业巨头的投资智囊团成员，那么，这将为马丁带来不计其数的客户。马丁与客户见面的时间只有一个小时，他充满自信地走进了客户的办公室。

一进门，客户就问道："可以简单介绍一下你自己吗？"为了在客户面前展现全面而优秀的自己，马丁滔滔不绝，从自己的光辉业绩谈到他为客户设定的集中投资构想。不知不觉中，一个小时过去了，这位商业巨头站起身来，感谢马丁的会面，这时候马丁才意识到，自己还没来得及询问对方的目标，不过，自信的马丁还是对自己的表现非常满意，认为胜券在握。

第二天，马丁收到了这位商业巨头的通知，他再次感谢马丁，同时告诉马丁他准备选择另外一名理财顾问。自信满满的马丁失败了，马丁以为凭借自己骄人的业绩肯定能拿下这个项目，可是这位巨头却在想：这家伙真是个狂妄自大的笨蛋，他什么时候才会关心一下我的想法呢？我绝对不会让这样一个家伙来打理我的资金。

马丁的失败就在于他的过分自以为是，以自我为中心，而没有考虑到对方的想法和感受，客户在这个过程中完全感受不到自己被尊重和关注，假设把项目交予马丁这样个人风格过分强烈的人，那往后的合作情况可想而知，客户应该很难享受到自己想要的服务。我们做家具销售的也是这个道理，如果只是一味地向顾客介绍好的产品，却没有事先了解顾客的需求，这样是达不到沟通和销售的目的的，这也是很多失败的销售案例中常见的情况。

为什么人长着两只耳朵和一张嘴呢？就是告诉我们要多听少说，学会多进少出。学会倾听是人际交往中一门非常基础但非常重要的课。被日本人誉为"经营之神"的松下电器创始人的经营哲学中，第一条就是要细心听取他人意见。学会倾听，首先体现的是你是个有修养的人，你懂得尊重他人。如果说话是表达自己的方式，那么倾听就表示你是在接受别人。学会倾听，可以使你接收到更多的信息，听听别人的意见，有时候能为你带来新的灵感和想法。

讲一个故事给大家听。庄子的学生中，有一个最优秀的，有一天在路上跟一个地痞流氓吵架，吵什么呢？原来是在吵"刚愎自用"一词的写法，那个地痞说一定是刚"复"自用，而庄子的学生则说是刚"愎"自用，那个地痞就很不服气，要找人评判谁对谁错。于是他们就跑去问庄子，谁输了谁就给对方磕三个响头。庄子学生肯定很自信，庄子把事情的经过一听，就跟他的学生说，你输了，你给他磕三个头。学生一听傻了，怎么可能？老师不是在害我吗？但是既然赌了，就要愿赌服输，给地痞磕三个头，地痞开开心心地跑出去了。庄子的学生就问老师，老师你为什么要害我？这不是让我丢脸吗？这个词肯定不是刚"复"自用，是刚"愎"自用。老师说，没关系，你不丢人，最多也只是在老师面前丢人，我知道你是对的。但是我告诉你，那个人才丢人，那个人一辈子会到处说是刚"复"

自用，丢一辈子的人，是不是？他就是一个刚愎自用的人，听不见别人的意见，你跟他讲道理是没有用的。

所以，我经常对我的员工说，当别人对你说出忠告时，你不要去反驳，要虚心接受，不然对方就不会再愿意帮你指出问题，要经常听别人的意见，这样对你是有好处的。做企业也是这样，我也非常乐意听取意见，为了做好我们的家具，我会让各个经销商每个月写意见信，看看产品的品质有没有问题，服务有没有问题，有哪些需要改进的，等等。如果我们总是高高在上，不听别人的意见，有时候出了问题我们自己也不知道，这样的话就太恐怖了，所以我们要保持低调，保持谦虚。

做人也好，做企业也好，都要多给别人眼睛，多给自己耳朵，多看看别人，多听听别人，这样才能让一个人或者一个企业在改善中得到成长，在修正中得到进步。

20

你今天的痛苦，都是在为明天的快乐建造对比系

很多人怕吃苦，尤其是一些年轻人。殊不知，只有失落过，才懂得把握；只有失去过，才懂得珍惜；只有苦涩过，才懂得甘甜；只有不幸过，才懂得幸福！快乐，其实是一种对比。你今天的痛苦，是在为未来的快乐建造对比系。

在很多人眼中，苦难总是不好的，消极的，悲惨的，那是因为他们没有真正经受过苦难，经历过苦难的人往往会感谢苦难，因为痛苦让他们成长，让他们得到历练。苦难其实是人生的一笔财富，没有经历过苦难的人生是不完整的，或者说是苍白的。

信中利国际控股有限公司的创始人兼董事长汪潮涌 15 岁就考上了华中理工大学，也就是现在的华中科技大学，19 岁的时候成为清华大学经济管理学院 MBA 班最年轻的学员，随后又从清华赴美留学，但是 1999 年他只带着 30 美元回国创业。

汪潮涌的事业道路看上去非常的顺畅，似乎没有遇到过什么大的挫折，但事实上，他也吃过苦，受过苦难的磨炼。汪潮涌说，小时候，他"把所有的苦都吃完了"。八九岁的时候，汪潮涌就开始替养父母去出工，因为养父母家里没有劳力，没有孩子，他们身体也不好，冬天的时候做得最多的是修水库、挖土。土都冻上了，当时他们没有手套，没有足够厚的衣服，手上脚上都生了冻疮，甚至流脓，连鞋子都穿不上。吃的饭是那种结着冰碴子的饭，然后配咸菜。而这一出去就是好几个礼拜，晚上住在工地旁边的农户家里，拿稻草铺的那种大通铺。所以后来到美国去留学，有时候暑期因为学费不够要去打工，其他同学觉得很苦，但是他觉得这个跟小时候干的农活相比是微不足道的事情，而且在美国还可以吃得好，每天牛奶面包的，有什么苦而言。汪潮涌说，正是小时候经历的这种苦难，使得他在后来做投资时敢于承担风险，因为他觉得这个项目失败了，或者说公司倒闭了，那么即使回到最坏的状况，也比小时候在农村吃的苦要强得多。小时候的苦难锻炼了汪潮涌坚毅的性格，他认为是苦难的童年撑起了他明亮的今天。

苦难使人变得宽容，看得更开，当一个人经历过苦难，他的心胸就仿佛被扩大了一倍一样，很多以前看不过去的事情都能宽容看待。这样的人，也会变得乐观一些，积极一些。古罗马的政治家塞涅卡说过，"没有谁比从未遇到过不幸的人更加不幸，因为他从未有机会检验自己的能力"。现在很多年轻人都没怎么吃过苦，这样反而不好，因为苦难其实是为他们的未来奠定基础，如果你年轻时吃过一些苦，等你日后工作了，创业了，再面对苦难，你就有了承受的心理基础，面对挫折也能用更成熟的方式去对待。

在湖南浏阳有个"向日葵女孩"叫何平，这个女孩的故事挺辛酸的，生活对她也是磨炼重重。她来自一个苦难的家庭，母亲患有脑膜炎后遗症，后来发展成间歇性精神病；父亲车祸后失去劳动能力，后来又因中风瘫痪在床；8 岁的弟弟患有先天性心脏病。十八九岁的她是家里的顶梁柱，一个人照顾爸爸妈妈和弟弟，在这样不幸的家庭中长大，何平对生活没有任何的抱怨，而是充满着希望。

从小，何平就非常懂事，非常坚强，遇到困难，受了伤也从不掉眼泪，当看到别人家的孩子在撒娇的时候，何平就告诉自己："我和她们不一样。我要自己挣钱当学费，我要和她们比将来！"有骨气的何平考上了大学，为了照顾弟弟，她带着弟弟去上学。在大学期间，最多的时候，何平同时做着 7 份兼职，为了让生病的弟弟补充营养，何平用打工挣来的钱给弟弟买好吃的，自己则吃得非常简单。

何平的生活有多艰苦，我们可想而知，但是经历重重苦难磨炼的她反而更热爱生活，她最喜欢向日葵，因为向日葵总是向着太阳。何平是个非常乐观的女孩，她经常说："开心又不用钱，为什么不开心？"

年纪轻轻的何平承受着许多同龄人根本无法想象的辛苦和压力，但这对她来说，也是一件好事，经过苦难的洗礼，人会成长得更快，她的生命也比别人多更多不同的色彩，更加饱满，相信她一定会拥有一个更快乐的明天。

苦难是成功的垫脚石，因为它总能帮助你发挥出内在的潜能。有一个关于驴子的故事大家应该很熟悉：有一天，一个农夫的驴子不小心掉到一口枯井里，农夫费尽心思也救不上来，于是放弃了，并且觉得应该把井填起来，于是就请邻居帮忙向井中填入泥土。

驴子知道主人要把自己埋了，刚开始很伤心，后来，看着落下的泥土越来越多，他心想，泥土越多，脚下就越厚，踩着厚厚的泥土，不就可以上去了吗？于是，当泥土落在背部时，驴子就将它们抖落在一边，随着泥土越来越多，积累的厚度已经足够帮助驴子逃出枯井，于是驴子得救了。

对陷入枯井的驴子来说，已经面对着一个困境，当上面的泥土撒下来时，是另一个困境，但是，聪明的驴子懂得化苦难为力量，把泥土作为垫脚石，帮助自己摆脱困境。其实人也经常会遇到这样的情况，面对苦难，不应该总是用消极的眼光去看待，而应该学习故事中的驴子，将苦难当作垫脚石，在困境中拉自己一把。

圣严法师说过，从苦难中走出来的人，即使正在受苦，也不会觉得那么痛苦。因为对他来说，已没有苦难这回事，能不以苦难为苦难，这才是真正的灭苦。消极的出世并不能带来真实的快乐，只有积极地知苦、体会苦，从苦难中成长，才能真正离苦得乐。

当我们看到蓝天中出现的彩虹时总会特别开心，但我们不要忘记，如果没有之前的一场暴雨，怎么会有美丽的彩虹出现？所以，当你期待成功和快乐的到来时，也要做好迎接痛苦的准备。经历过痛苦，总会有好的结果，因为今天有多痛苦，明天就会有多快乐，所以不妨用一种积极的心态去迎接痛苦吧。

21

快乐准则：不给自己留遗憾

最近看了一部电影《遗愿清单》，讲的是两个面临死亡的老人是如何让生命的最后一段日子过得没有遗憾。爱德华是一家医疗机构的 CEO，有一天他突然成了病人，住进自己经营的医院里，并且，由于他推行的是"一个房间两张病床，谁也不能搞特殊"的经营理念，他也必须和别人同住一间病房。

和他同住一间病房的是机修工人卡特，在爱德华眼中，他简直是来自另一个世界的人。两个人唯一的共同点就是他们的生命都只剩下几个月的时间。尽管如此，在死神面前，他们成了好朋友。卡特有一个小本子，上面写着自己从未实现过的愿望，他称之为"遗愿清单"，包括"空中跳伞"、"飙车"、"文身"、"环游世界"、"猎狮"、"帮助一个陌生人"、"开心大笑直至流泪"、"亲吻世界上最美丽的女孩"、"欣赏最壮丽的风景"，等等。爱德华无意间发现了这张清单，刚开始他总是用不屑的眼光看待卡特的这些愿望，但后来，他决定要帮卡特实现这些遗愿。于是，他们出走了，开始了疯狂的旅行，做一切清单上想做的事，勇敢地跳伞，疯狂地飙车，两个即将走到生命尽头的老人仿佛回到了张狂的年轻时代。后来，卡特离开了，在进手术室前，他们相视后大笑，"开心大笑直至流泪"。爱德华则创造了奇迹，他在81岁的时候离世。影片的最后，爱德华的秘书帮助他们完成了最后一个遗愿，把他们的骨灰葬在珠穆朗玛峰。

卡特和爱德华虽然最后都离开了，但是他们完成了遗愿，不留遗憾地走，他们是快乐的。看完这部影片，我很受触动，也开始思考当自己走到生命尽头时，如何让自己不留遗憾。我一直是主张做人要快乐地度过每一天，这部影片给我的启发便是，要快乐，就要不留遗憾，有什么愿望，有什么梦想，都应该尽快地去实现。人生最大的遗憾，就是遗憾取代了梦想；人生最大的快乐，就是快乐取代了遗憾。

影片中是两位老人在实现自己的遗愿清单，而在现实中，英国一对年轻的夫妇则是为自己只有两岁的女儿列出了遗愿清单。这位两岁的女童叫奥利维娅·彭尼，患有罕见脑病亚历山大病。亚历山大病是一种罕见的非家族性白质脑病，婴儿型的亚历山大病的典型症状为发育迟缓、巨脑畸形和癫痫，患儿接下来会出现精神运动性迟滞、痉挛和四肢瘫痪。根据医生的诊断，奥利维娅的寿命是五到十年，彭尼一家为奥利维娅列出了100项内容的遗愿清单，希望在她的有生之年帮她一一实现，让她明白自己来到这个世界上的意义。

听了这个现实中的例子难免让人觉得伤感和惋惜，但是从另一个角度看，小女孩也是幸福的，她的父母为她做的这一切肯定能让她的人生充满快乐。在《遗愿清单》中有这样一句台词："不论你处在生命的哪一个阶段，你都可以拥有现在，要的，就是去实现的勇气，怎么能被生活绑架了自由？"我很赞同，要让生命过得快乐，就要毫不犹豫地拿出实现梦想的勇气和行动。

也许有的人会说，自己只想平平淡淡地过好每一天，并没有什么所谓美好的梦想要去实现，那要怎么让生活过得快乐呢？让自己快乐的方式其实有很多，也很简单，很容易实现，这里就教你几招。

第一招，马上去做一件让人感动的事。当妈妈在厨房忙碌地为你准备着晚餐时，悄悄地跑过去抱她一下，或是站在旁边打打下手，边跟妈妈聊聊天。亲人间的交流总是能让人放松和快乐的；或是为忙得焦头烂额的同事递上一杯清香的花茶，让怡人的香味为他赶走焦躁……

第二招，找身边的一个人并真诚地夸他（她）一下。懂得赞美别人是一种很好的沟通方式，这证明你看到了别人的美，人都是喜欢听好话的，听到赞美，对方的心情会变好，他会回应你同样友善的笑容，这样在你们之间流动的是愉快的空气，那么你们双方都会是快乐的。讲一个小故事，在一个暖洋洋的春日，一个女孩和爸爸到公园散步，女孩看到前面一位老妇人穿着大衣裹着围巾，就跟爸爸说："那位老妇人真可笑！"他的爸爸就严肃地批评她不懂得欣赏别人，他说："那位老太太穿着大衣，围着围巾，也许是生病初愈，身体还不太舒服。但你看她的表情，她注视着树枝上一朵清香、漂亮的丁香花，表情是那么的生动，你不认为很可爱吗？她渴望春天，喜欢美好的大自然。我觉得这老太太真令人感动。"女孩仔细观察了老妇人，觉得爸爸说得有道理，于是他们一同去跟老妇人打招呼，爸爸微笑地说："夫人，您欣赏春天时的神情真的令人感动，您使这春天变得更美好了！"老妇人听了十分开心，笑容满面地说了谢谢，然后拿出一袋小甜饼送给了女孩。女孩也很开心，因为她感受到，真诚的赞美不仅可以让对方快乐，也能让自己快乐。

第三招，发一条短信感谢一下最近帮过你的人，哪怕是极小的帮助。生活中我们总有需要别人帮忙的时候，也许只是一些很小的事，但是在你需要帮助的那一刻，向你伸出援手的人就是最值得感谢的，得到别人的帮助，理所应当向对方表达谢意，说声谢谢也好，发个短信道谢也好，只要把这份谢意传达出去，对方的心里肯定会觉得温暖，也会觉得你是一个懂得感恩，有素质的人，给别人留下好的印象，你自己当然也会觉得快乐。

第四招，主动去安慰一个同样不快乐的人。有这么一个故事：一群痛苦的人聚集在庙里，喋喋不休地抱怨着各自的痛苦。这时，一个老和尚走了过来，微笑着说："请各位安静下来，围坐在一起，敞开心扉，把自己遇到过最刻骨铭心的不幸说出来，相信用不了多久，那些痛苦就会自动消失。"人们听了很惊诧，都对老和尚的话十分怀疑。但是，还是有人尝试照老和尚说的去做，他们惊讶地发现，通过倾听别人的故事，才意识到世上还有那么多的痛苦，而自己仅仅是经历了其中微不足道的一点小事罢了。于是，人们都放下心结，微笑着走出了庙门。

当然，找寻快乐的方法还有很多很多，以上所说的都是个人经验，但真的非常有效。如果你觉得不快乐，不妨试试我的快乐准则，让自己开心，没有那么难！

如果你不快乐，建议你这么做：

一、立即做一件感动别人的事情。

二、找一个旁边的人真诚地夸他一下。

三、发一条短信感谢一下最近帮过你的人，哪怕是极小的帮助。

四、找一个同样不快乐的人，你主动去安慰他。

第三章

职场 "黑匣子"

1

乔布斯给我们的启示

看《乔布斯传》（沃尔特·伊萨克森著），对苹果公司的创新文化印象非常深刻，创新是其灵魂。正是无处不在、无时无刻的创新使得苹果公司获得巨大成功。2012 年 2 月，苹果公司超越埃克森美孚成为世界上市值最大的公司。几天后其市值更是突破 5000 亿美元，超过了波兰、沙特阿拉伯等国家的国内生产总值 (GDP)。

苹果公司的创新文化很丰富，在这里将感受最深的几点与大家分享。

第一，消费者需求决定创新的方向。2001 年，苹果电脑推出应用软件 iTunes，这是一款免费应用软件，能管理和播放数字音乐和视频，可以将新购买的应用软件自动下载到用户的设备和电脑上，同时还能作为一个虚拟商店，满足用户的娱乐需求。iTunes 的诞生迅速成为一个革命性的产品。

谈到 iTunes 的设计理念，乔布斯说："我觉得我自己像个傻瓜。我竟然认为很多人更愿意使用电脑剪辑家庭录像，而事实上，免费音乐共享软件 Napster 才是全世界网民的焦点。"乔布斯称自己是傻瓜是因为他原本打算推出一系列信息视频产品，使得麦金塔电脑成为信息生活的中心，以此进军数字娱乐产业。但是免费音乐软件 Napster 的出现让乔布斯重新思考消费者真正想要的是什么，这便是 iTunes 出现的发端。

乔布斯是个永远不满足，永远在创新的人，在推出了 iTunes 之后，乔布斯又开始思考，在电脑上存储和播放音乐满足了消费者的体验，但是如果可以让消费者随时随地随心所欲地播放这些音乐，应该是一种更好的体验，于是，不久之后，iPod 出现在大家的视线中，iPod 像 iTunes 一样，可以满足消费者存储、搜索和播放音乐的需求。在外界并不看好的形势下，iPod 的销量却直线攀升，再一次宣告了乔布斯的成功。

"顾客多数时候并不知道自己真正需要的是什么。"乔布斯的这句话成为经典，这和"消费者需求决定创新的方向"并不矛盾。很多时候，顾客对新产品的需求往往是一个很虚的概念，拿家具行业来说，你问顾客对沙发的需求，大部分的顾客会说，"坐得舒服"，这其实是一个恒久需求，而企业的创新就在于，如何将"坐得舒服"这个需求具体化，并从设计上、制作上去体现，让消费者再一次感受新产品时能发自内心地说："这就是我想要的感觉。"

第二，想象力是第一生产力。要创新，自然不能缺了想象力，苹果公司是一个充满想象力的企业，从乔布斯到公司所雇用的精英们，都是充满想象力的人，苹果的每件产品都是在他们无穷无尽的想象力下诞生的。乔布斯追求的是"简单即美"的理念，这一点在苹果公司的产品和设计上体现得淋漓尽致。在苹果公司，乔布斯常常会突然就产生一些奇特的想法，从第一台笔记本电脑的诞生到其后来的发展，它的设计已经几乎用完了人类所有的创意时，2008 年，苹果推出最薄的笔记本电脑 MacBook Air，此后，全球还掀起了"轻薄"笔记本的浪潮，即使到现在，轻、薄仍然是很多笔记本产品主打的卖点。乔布斯当年的想象是：把笔记本电脑装进牛皮纸袋里。

沃尔特·艾萨克森曾这样讲述他对乔布斯的认识："爱因斯坦和乔布斯都是想象力极强的思想者。青少年时代的爱因斯坦尝试着想象与光束并行是何种感觉，从而走上了相对论之路。乔布斯几乎每天下午都在他的设计团队主管约尼·伊夫的工作室里转来转去，摆弄他们正在研发的产品的泡沫材料模型。乔布斯的想象力充满跳跃性，而且这好像是一种本能，是由直觉引发的。"

第三，保持初学者之心。乔布斯年轻时候就走访印度，开始禅修，禅宗对他产生了一定的影响。他曾说过："佛教中有一句话，叫初学者心态。拥有初学者心态，是件了不起的事。"这句话也是乔布斯一直践行的原则之一。永远保持初学者的状态，使得乔布斯对很多人们习以为常的事物提出了不同的意见，也因此激发了他创新的想法和能力，用中国的一句俗语来说就是"不要墨守成规"。

比如说，基本上所有人都已经习惯了电脑里装有风扇这个事实，但乔布斯却有不同的看法，他认为电脑里安装了风扇，噪音很大，会破坏电脑本身典雅的感觉，他从另一个角度去思考，如果没有风扇会怎么样？于是，他重新设计了计算机的供电系统，在 Apple II 里去掉了风扇，极大地缩小了 Apple II 的体积，使其看起来更美观，用户也能获得更好的体验。iPhone 的出现更是革命性的产品。2011 年 10 月中旬，iPhone 4S 在美国、澳大利亚、加拿大、法国、德国、日本和英国正式上市。前三天销量就达 400 万部，78 天内销量高达 3300 万部，创下消费电子产品最快销售纪录。

附：乔布斯的创新密码

乔布斯没有获得过任何编程、设计、工程或 MBA 学位，却能成为"商界贝多芬"（吉姆·柯林斯语），苹果从来没有真正发明过全新产品，但它总能颠覆前人的认知和经验，这些无一不让人感到诡异。

专注，是乔布斯的重要哲学。传统管理学让企业通过多元化分散风险，而苹果的哲学则是把所有资源都投入到尽量少的产品上。"质量比数量重要得多，一次本垒打要好过两次二垒安打。"在接受《商业周刊》采访时乔布斯说。

简约，是乔布斯的杀器。他为 iPod、MacBook Air 和 iPad 做的经典注脚分别是：口袋里的 1000 首歌、世界上最薄的笔记本电脑、无所不能的第三类设备。

极致和细节完美主义，确保苹果产品人见人爱。乔布斯对世界的评判是极端化的，产品在他看来要么"酷毙"（insanely great），要么是狗屎（shit）；下属要么是天才，要么是笨蛋（bozos）。

苹果一直致力于生产艺术品，而非一般意义上的科技产品。

给团队拧紧发条，是乔布斯赋予自己的责任。乔布斯当初对 Mac 开机启动太慢不满时大吼："你知道多少人要买我们的产品吗？想象一下，如果你让启动速度提高 5 秒，每天 5 秒乘以 100 万，那就是 50 人一辈子的时间，你就能拯救 50 条生命！"

坚持走自己的路。封闭的软硬一体化路线，是乔布斯在 PC 市场惨败的原因。但这并没有使他放弃此道。风水轮回之际，"封闭"的苹果在移动互联网时代打造出独此一家的无缝"用户体验"。

当然，最重要的是要有梦想。多年来，乔布斯一直在布道："苹果的基因从未改变，那就是'科技民主化'，把科技以令他们惊喜的方式带给普通人。"

对于一以贯之的"拿来主义"，乔布斯引用毕加索的话说："优秀的艺术家模仿别人的作品，而伟大的艺术家则窃取别人作品中的精髓。"

（摘自《南方周末》，作者：冯禹丁）

2

给创业者的一个忠告

现在有不少大学生毕业了会选择自主创业，但从这几年的情况看，大学生创业成功率还是比较低的。根据国家有关部门统计，最近几年，浙江大学生创业的成功率在全国各省区市当中是最高的，大概在 4% 左右，全国大学生创业成功率在 1% 左右，而全世界学生的平均创业成功率是 10% 左右。

所以我想给创业者一个忠告，现在的创业环境和以前大不相同，以前筹备一点资金，找几个人一起干，遇上机会，就能创出一番小事业。但这种模式是二十几年前的情况了，现在的经济环境比以前复杂得多，竞争也更加激烈，创业者要想成功，就必须做好充足的准备。

创业最忌讳的是眼高手低、不切实际。这倒不是说不可以大胆想象，而是说任何创意必须可以转化成切合市场需求的产品或服务，这是创业的根本所在。这便需要一定的专业知识和扎实的调研能力。

1999 年，李彦宏从美国回北京创立了百度，经过多年努力，加上中国特色的商业背景，百度成为全球最大的中文搜索引擎，李彦宏以 94 亿美元的身家成为 2011 福布斯中国内地首富，2012 年以 102 亿美元的财富蝉联首富。李彦宏建造出"百度帝国"的初期，是专业知识之于创业重要性的一个典型案例。

在创立百度之前，在硅谷工作的李彦宏已经是当时全球最顶尖的搜索引擎工程师之一，拥有"超链分析"技术专利，而这是奠定整个现代搜索引擎发展趋势和方向的基础发明之一。当时，美国 IT 界最火的是电子商务，很多人都选择在电子商务领域施展拳脚，但李彦宏还是选择了自己最熟悉的搜索引擎，虽然当时网络搜索这一领域还比较冷门。

除此之外，从 1995 年开始，李彦宏每年都会回国考察，看看大家在关注什么，互联网的中国特征是什么。直到 1999 年，李彦宏看到大家的名片上开始印 E-mail 地址，街上有人穿印着".com"的 T 恤，他认为创业的时机成熟，加上资金方面没有太大的问题，一切显得水到渠成。

创业者如果前期对行业背景的了解不足、知识储备匮乏，一路上都遇到挫折的几率就会很大，失败几乎在情理之中。现在有很多创业者心太急，总想着"开公司""赚大钱"，等遇到问题再去亡羊补牢，也许已错失良机，甚至可能为他人做了嫁衣裳。

根据教育评估咨询机构麦可思公司针对 2009 年度大学毕业生自主创业情况的调查和分析，大学生创业的技术含量不高，选择与自身专业方向相关的行业也只有三成左右。虽然我国大学生创业成功率低有各个方面的原因，但不可否认的是，缺乏专业知识的积累也是原因之一。为什么有些人不主张大学生毕业就马上创业，而是先到企业打工，积累行业经验，其实是有道理的。

俗话说，创业难，守业更难。管理一个公司，或者一个团队，在公司规模较小时，需要亲力亲为、以身作则，带领员工建立积极、高效、创新的企业文化。企业文化是一个企业持续发展的竞争力，也是凝聚企业员工的重要力量。然而创业时期企业文化的作用容易被低估。

创业初期，组织结构和发展思路皆处于一个摸索的阶段，企业文化主要是指创业企业的环境和个性，是企业员工所共有的价值观念、遵循的制度规范以及表现出来的行为模式等。美国一家媒体列出了创业公司所需要的企业文化"六要素"：

1. 没有办公室政治。好的创业企业文化里，每个人都彼此信任。对点子的评价是基于其价值，而不是看是谁提出来的。大家对于将要获得的回报感到满足。而在一个不太好的创业企业文化里，每个人不满意自己的所得，每个人都想让别人知道他做了哪些事，即便实际上他并没做过。

2. 你不是在单纯地工作，而是富有使命感。Redfin 的首席执行官（CEO）Glenn Kelman 经常会说，一旦你意识到你不必做那些你正在做的事情的时候，你会感觉到精力充沛。好的创业企业文化是由这样的一些人构成的：他们有能力做很多事情，但实际上他们心甘情愿专注于公司的个别产品或服务。这样的文化的核心通常是信任公司，他们觉得公司从事的事情是最重要的。

3. 良好的竞争环境。好的创业企业文化要在精神上奖励表现出色的员工，而对表现不佳者要非常严厉，他们会很快淘汰那些达不到高标准的人。最终留下来的人会发现，他周围的同事都是跟他一样，甚至更为出色。

4. 节省每一分钱。好的创业企业文化对每一分钱都很在意，费用方面会非常谨慎。Amazon 公司用门板做桌子的传统并不是这样会便宜（很可能不会），而是造成一种感觉，Amazon 不会在办公家具上浪费钱。在创业的早期，Interpid Learning Solution 公司（注：被 Madrona Venture Group 和 FTV Capital 投资）内部设了一个节约奖，奖给那些有超级省钱能力的员工。公司 CEO 得过一次奖，他租了一辆货车，自己一个人把附近一家公司搬家遗弃的会议桌拖回来了。在好的创业企业文化里，成本控制意识很强，也很有感染性。

5. 股权激励。好的创业企业文化会给员工这样的感觉：大家是在做有意义的事，公司迟早会成功的，员工可以享受到公司未来的价值。而在企业文化差的公司里，员工的激励几乎完全依赖于短期的现金激励。这里不是说短期的现金激励不好，实际上在很多情况下，这样有利于实现短期目标。但是，如果员工仅仅只关注奖金，而对股权丝毫不感兴趣，这表明他们对公司的未来没有信心。

6. 完美匹配。好的创业企业文化是完美匹配的，公司战略正确并且跟远景目标保持一致，员工各司其职，做他们擅长的事情。从 CEO 到办公室文员，所有员工的想法一致。

这是我一直以来的观点。所谓"麻雀虽小，五脏俱全"，不管企业大或小、成熟或初创，企业文化体系的培育和构建均不容小视。我看到前思科中国总裁、现刚逸领导力公司 CEO 林正刚也提到过："有很多创业者告诉我，小企业不需要企业文化，做大了再说，我是不敢苟同的。企业文化应该从小就培养起来，企业成长的挑战就是怎样能调整企业文化来适应市场的需要，企业应该从小就要养成培养企业文化的机制。"

企业文化要保持永动力，还需要企业领袖的以身作则。联想集团创始人柳传志认为，以身作则是能不能树立企业文化的根本基础。联想集团曾有一个规定，定下来几点开会就得几点开会，差一分一秒都不行。如果迟到就罚站——如果放在之前，定在 8 点开会，9 点能开就不错了。新规定施行后，第一次开会时联想一个老处长迟到，柳传志就让他站 1 分钟，他当时很不理解，柳传志就说，很抱歉，你必须站一分钟。从此以后联想坚持了这一制度，柳传志自己也曾被罚站三次，"有一次在电梯里电话打不出去，还有一次开会前碰到院长了，说完话回去就迟到了，这样的事坚持做了以后，所有人都知道制度就是制度，说一句就是一句。"

不要在蚊子腿上刮油，
不要希望蛇会成为你的朋友，
不要试图教猪唱歌；
找对企业，找对朋友，找对员工，
这是我们一直要做好的事情。

3

去哪里并不重要，重要的是与谁同行

英国科学家做过一个实验，把一盘点燃的蚊香放进一个蚁巢。开始时，巢中的蚂蚁非常惊恐，20秒后，许多蚂蚁迎难而上，纷纷向火冲去，并喷射出蚁酸。但是一只蚂蚁喷射的蚁酸量总是有限的，因此，有一些蚂蚁只能牺牲掉，但是他们前仆后继，不到一分钟，终于把火扑灭了。

一个月后，这位动物学家又把一支点燃的蜡烛放在原来的那个蚁巢进行观察，这次的火势更大，但是蚂蚁们有了经验，迅速组成一个团队，集中力量向火源喷射蚁酸，不到一分钟，烛火就被喷灭了，并且没有一只蚂蚁受伤。

第二次遇到"火灾"时，蚂蚁们能免遭灭顶之灾，靠的就是团队合作。面对灾难，团结一致的蚂蚁群的力量是非常惊人的。据说当它们遇上洪水的时候，会通过抱成蚁球的方式在洪水中随波漂流，只要能靠岸，它们就能得救。

再来看看另一个故事。有三只老鼠结伴去偷油，可是油缸很深，而只有少量的油在缸底，它们只能闻到油香却喝不到油，非常着急。这时，一只老鼠想出了一个方法，三只老鼠一只咬着另一只的尾巴，轮流吊到缸底去喝油。最先下去的那只老鼠想："油只有那么一点点，大家轮流喝多不过瘾，我运气好，不如先喝个够。"吊在中间的第二只老鼠也在想："要是都被第一只老鼠喝了，我还喝什么？"最上面的第三只老鼠也在想："油这么少，等他们喝完，我只有喝西北风了。我也得下去。"于是，上面两只老鼠都选择了松开尾巴，结果他们都掉到缸底，谁也出不来了。

这三只老鼠，本来要合作，却因为各自的贪心和对队员的不信任放弃了合作，结果都失败了。在一个团队中，如果每个人都只盯着自己的利益，这样的团队注定是要失败的。经济学上有一著名的原理名为"囚徒困境"，反映个人最佳选择并非团体最佳选择。

故事大意是，两个人一起干坏事被抓了起来，并分别被关在两个独立的不能互通信息的牢房里进行审讯。这个时候，两个囚犯都可以做出自己的选择：要么供出他的同伙，要么拒不承认。两名囚犯以及警察都很清楚：如果两人拒不承认，就都会被释放。但警察采取了"诱供"策略：承诺他们只要告发同伙，即可被无罪释放，而他的同伙就会被判重刑。结果，两个均供出了对方，双双被判刑。

有句话说，不怕狼一样的对手，就怕猪一样的队友，奋斗的路上，与谁同行，真的非常重要。跟消极的人在一起，他会削弱你的积极性，因为他向你倾诉悲情时，已把你定位成了"垃圾桶"，把他不想要的东西倒给了你；而跟积极和成功的人在一起，可以向他借能、借势、借智。所以，如果想要成功，请先加入成功的团队。

对一家企业来说，团队建设的重要性不言而喻。不同的企业打造出来的团队风格是不一样的。狼是动物界中最具有团队作战精神的动物，很多企业也以狼的精神为借鉴，打造"狼性企业"，华为就是一个典型。华为于2012年7月底发布的财报显示，上半年其营收超过1000亿元人民币，首次超越爱立信，坐上全球通信设备行业老大的交椅。华为创始人任正非是我非常尊敬的一位企业家。任正非认为，企业发展，归根结底就是要发展成"一匹狼"。狼有三大特性：一是敏锐的嗅觉；二是不屈不挠、奋不顾身的进攻精神；三是群体奋斗的意识。任说一个人不管如何努力，永远也赶不上时代的步伐。只有组织起数十人、数百人、数千人一同奋斗，你站在这一个平台上，才摸得到时代的脚丫。

"在时代面前，我越来越不懂技术，越来越不懂财务，半懂不懂管理，如果不能民主地善待团体，充分发挥各路英雄的作用，我将一事无成。"任正非说。在企业团队建设中，华为最引人注目的无疑是员工持股计划：六成半员工共持有华为 98.58% 的股份,任正非持股量仅为剩下的 1.42%。我在《再给中国二十年》一书中就提及他甘愿做小股东的胸怀和远见。

通过利益分享,团结起员工。在任正非看来,只有员工真正认为自己是企业的主人,分权才有基础。他更为大胆的做法,是在华为推行"轮值 CEO"制度,即公司高管轮流担任公司高级领导。

其实华为也曾走过弯路,许多员工曾患上了忧郁症,压力超大。任正非决定改变这一情形。几年前他在给华为班子成员的信中写道:"我自己就有许多地方是弱项,常被家人取笑为小学生水平,若我全力以赴去提升那些弱的方面,也许我就做不了 CEO 了,我是集中发挥自己的优势。组织也要把精力集中在发展企业的优点,发展干部、员工的优点上,不要聚焦在后进员工上。"

在西游记团队中,唐僧是完美型的人,比较啰唆;孙悟空是力量型的人,但不合适当老大;猪八戒是活泼型的,乐观开朗;沙僧是平和型的人。这四类性格的人各有各的优缺点。

唐氏完美型:比较冷静,标准高,分析能力强,但是有点迂腐,要求完美,比较敏感。

孙氏力量型:特别有驾驭能力,控制欲强,喜欢支配他人,也不太注重考虑别人的感受,不懂得处理人际关系。

猪氏活泼型:有策划能力,但容易冲动,缺乏耐心。

沙氏平和型:优点是老好人,悟性很高,很聪明,缺点亦为是个老好人,不得罪人,有时显得没有原则。

要完成一项事业,光靠一个人是很难成功的,几种性格合力加上团队的部署,成功的几率就会大得多。虽然团队当中有摩擦,但是时间长了,摩擦就变成磨合。如果让西游记团队里的任何一个人独自去取经,都是不可能完成任务的。

曾国藩在论及交友时,曾提出一个"八交九不交"原则。八交:胜己者,盛德者,趣味者,肯吃亏者,直言者,志趣广大者,惠在当厄者,体人者。九不交:志不同者，谀人者，恩怨颠倒者，好占便宜者，全无性情者，不孝不悌者，愚人者，落井下石者，德薄者。——这一原则用在选择团队和同事上，同样适用。只有人品靠得住的人，才能成为你信得过的帮手和朋友。

对一支优秀的团队来说，最根本最重要的是有共同的愿景和价值观。马云也是一个非常注重团队建设的人。"要记住，永远不要羡慕别人的团队，你现有的团队就是最好的团队，"他说，"六人之中有人杰，七人之中有混蛋，团队里面教育背景、文化都不一样，不要忌恨跟你一样有才干的，如果我们公司每个人都跟我一样会侃，那是没有用的，我又不会写程序，我连电脑都不会看的。"

但马云也非只请高手，他在人才使用上其实曾走过弯路：请一批世界500强的高管加盟，但结果基本上都"水土不服"，用马云的话来说，"就好比把飞机的引擎装在了拖拉机上，最终还是飞不起来"。说白了，最适合你的人才，是与你有共同愿景和共同价值观的人才。

选择一个好的团队，也许不能让你更自由，但可以让你变得更优秀；与好的团队同行，也许不能让你更轻松，但可以让你变得更快乐。人的一生能走多正确，由选择决定；能走多精确，由目标决定；能走多远，由意志决定；能走多精彩，由勤奋和专注决定；能走多快乐，由一起同行的人决定！

去哪里并不重要，重要的是与谁同行。

4

事业型的人为何极易成功

事业型的人都极易成功，为什么呢？因为事业型的人都有很强的事业心和执行力。他们做事很有激情，面对困难他们总是能迎难而上，面对失败也从不灰心丧气。

美国篮球明星蒂尼·博格斯个子只有 1.6 米，是 NBA 历史上身材最矮的球员。他从小就非常喜欢篮球，一心想成为职业运动员，但是由于身材矮小，经常被伙伴们瞧不起。有一次，他哭着问妈妈，我还能不能再长高一些？他的妈妈鼓励他说："孩子，你能长高，长得很高很高，会成为众人皆知的大球星。"

但是，随着年龄的增长，博格斯的身高并没有太明显的增长，于是他开始重新思考，一米六的身高就一定打不好职业球赛吗？他决心打破这种"常识"，为此拼命苦练。"别人说我矮，反而成了我的动力，我要证明矮个子也能做大事情。我相信篮球并不是专让高个子打的，而是让那些有篮球才华的人打的。"后来，我们看到了，博格斯在球场上灵活地穿行，从下方来的球百分之九十都会被他收走。

凭借自己精彩的表现，蒂尼·博格斯加入了当时实力强大的夏洛特黄蜂队，他的表现越来越出色，甚至有人说"夏洛特的成功就在于博格斯的矮"。所以，我奉劝那些津津乐道姚明的人，多向周围的人介绍博格斯的故事，他的自信、进取心和永不放弃的特点，值得每一个人学习。

有事业心的人总能发掘自己身上的长处，他们认定了一个目标，就会用尽全力去实现这个目标，而不畏惧任何困难和挫折。这种人同时有着很强的执行力。

如果光有梦想，而不去行动，那再宏大的梦想也只是一个空谈。

有这么一个故事：一天，有一个哲学家要过河，上了一条船，闲着没事就跟船夫聊起了天，他问这个船夫，你懂哲学吗？船夫说，抱歉啊，先生，我只是一个划船的，怎么会懂哲学呢？哲学家就说，那可真是遗憾，不懂哲学，你就失去百分之五十的生命了。船继续向前划，哲学家又问船夫，那你懂数学吗？船夫说，我也不懂啊。哲学家摇摇头说，你哲学不懂，数学又不懂，你已经失去了百分之八十的生命了。船继续向前走，划到河中间时，突然遇上了暴风雨，小船一下子就翻了，哲学家和船夫都落入水中。这时船夫就问哲学家，你懂游泳吗？哲学家说不会。船夫说，那可真是抱歉啊，你的生命要失去百分之百了。

执行力，不仅仅是指一个人对别人给予的任务或者自己定下的目标有没有付诸行动，执行力也有强弱之分，只有执行力强的人才能做出出色的成绩。哈佛商学院有这样一则关于执行力的故事：

甲乙二人同时受雇于一家店铺，拿着同样的薪水。可是一段时间以后，甲不断地升职加薪，而乙仍在原地踏步。乙就向老板发牢骚，大喊不公平。老板一边耐心地听着他的抱怨，一边在思考着如何向他解释清楚两人的差别。

"阿乙，"老板说话了，"你去集市一趟，看看今天早上有什么卖的东西。"

乙回来后向老板汇报说，集市上只有一个农民拉了一车土豆在卖。

"有多少？"老板问。

乙赶快又到集市上跑了一趟，回来告诉老板说一共有40袋土豆。

"价格是多少？"乙不得不第三次跑向集市，回来时满头大汗。

"好吧，"老板对他说，"现在请你坐在椅子上别说话，看看阿甲怎么说。"

甲很快就从集市上回来了，向老板汇报说，到现在为止，只有一个农民在卖土豆，一共40袋子，质量很不错，一袋10斤，价格为5美元。他顺便带回来一个让老板看看。"这个农民一个钟头以后还会运来几箱西红柿，价格也非常公道。昨天他们的西红柿卖得很快，库存已经不多。"不仅如此，甲想着这么便宜的西红柿老板肯定会要进一些的，所以也带回来一个西红柿做样品；最重要的是——他把那个农民也带来了。

此时，老板转向乙说："现在你知道为什么阿甲的薪水比你高了吧？"

虽是同样的任务，但是执行力强弱不同的人做出来的结果是不一样的，在职场激烈的竞争中，只有执行力强的人才能脱颖而出。执行力还体现出一个人的工作态度和思维方式。聪明的员工不只是去做老板交代的事。

国内有个讲师叫翟鸿燊，他在营销讲座中归纳了几条准则，与大家分享：

1. 钱是给内行人赚的——世界上没有卖不出的货，只有卖不出货的人。

2. 想干的人永远在找方法，不想干的人永远在找理由；世界上没有走不通的路，只有想不通的人。

3. 销售者不要与顾客争论价格，要与顾客讨论价值。

4. 带着目标出去，带着结果回来，成功不是因为快，而是因为有方法。

5. 没有不对的客户，只有不够的服务。

6. 营销人的职业信念：要把接受别人拒绝作为一种职业生活方式。

7. 客户会走到我们店里来，我们要走进客户心里去；老客户要坦诚，新客户要热情，急客户要速度，大客户要品味，小客户要利益。

8. 客户需要的不是产品，而是一套解决方案，卖什么不重要，重要的是怎么卖。

9. 客户不会关心你卖什么，而只会关心自己要什么。没有最好的产品，只有最合适的产品。

员工不要只做领导交代的事情，还要做领导没交代的事情，好员工不是领导在的时候表现好，而是领导不在的时候表现也好。这样你就离成功不远了。

5

面子害死人，"架子"是病毒

俗话说：人要脸树要皮，面子本是个好东西，但如果过度好面子恐怕会弄巧成拙。2011年底，一则《领导撑伞，学生雨中表演》的新闻引发了大家的热议。

据报道，温州某小学彼时举行"迎元旦·绿色安全行"主题活动，开场的节目中，孩子们冒雨翩翩起舞，为坐在台上、穿着雨衣、打着雨伞的一群领导表演节目。我看后很是生气，大雨中，孩子们没有任何遮雨工具，身着薄衫，他们能跳得开心吗？台下的观众，特别是孩子的爸爸妈妈们，他们能看得舒服吗？

既然场面如此令人不适，为何还要将错就错？对此，各大媒体纷纷评论称"太讽刺"。国际在线的一篇评论文章一语中的：如果不是领导们好面子，爱表现，这一雨中即景式伤害孩子的活动早就被否决了；如果不是学校好面子，想着表功——一年就一次元旦、一年领导们可能就来这一次，原本已经不合时宜的活动本应也能取消。可惜的是，在一个"集体性的面子"之下，领导们和学校丝毫没有觉得自己的行为有什么不妥，直到在坊间和传媒上引发争议。

同样的情况如果在企业经营中出现，那必定也是后果不堪设想。

企业经营如果因为好面子，明知道是错的事因害怕丢脸而一错再错；或者因为怕伤及面子而耻于下问、耻于与人交流，势必会成为阻碍企业前进的绊脚石。

泉州有一家做工艺品的小公司，产品100%外销。但它却在中国高速路两边竖起了无数的广告牌。其实他的年利润不过几百万元，每年花在这上面的费用却至少上百万元。公司不少人对这种"投资"持反对意见，而老板却解释说，是没有什么经济效果，但是有"社会效果"——政府、客户过来参观时，在路上就能看到这些广告牌，他觉得很有"面子"。

再来看美国著名企业家艾柯卡的故事。20世纪80年代，艾柯卡由于遭人忌妒和猜忌被老板免去了福特汽车公司总经理的职务。面对打击，他没有消沉，而是立志开创一片新天地。为此，他拒绝了数家优秀企业的招聘而接受当时濒临破产的克莱斯勒公司的邀请，担任总裁。

到任后，他首先实施以品质、生产力、市场占有率和营运利润等因素来决定红利的政策。他规定主管人员如果没有达到预期目标就扣除25%的红利，他还规定在公司尚未走出困境之前，最高管理阶层各级人员减薪10%。

这一措施推出后，有人反对有人赞成，反对的人是公司的元老，认为这样做损害了他们的利益。艾柯卡冷静地对待这一切，并且自己只拿一美元的象征性年薪，让反对他的人无话可说。

为了争取贷款，艾柯卡四处游说，找人求人，接受国会各小组委员的质询。有一次，由于过度劳累，导致他眩晕症发作，差点晕倒在国会大厦的走廊上。他最终领导克莱斯勒公司走出困境，到1985年第一季，其净利就超过了5亿美元。艾柯卡也从此成为美国的传奇人物。中国有一句俗话叫做"灭却心头火，胜点佛前灯"。艾柯卡取得巨大的成功，其秘诀就是"灭却心头火"——放下面子，点亮心中"明灯"，不在乎别人怎么说，为了目标勇往直前。

好面子会吃大亏。除此之外，架子也是一件可怕的东西、一种可怕的习惯。

有句歇后语叫做"卖烧饼的扛戏台——买卖不大，架子不小"（因为扛烧饼的木架子像一个唱戏的野台子）。"架子"是"尊贵人"向"平凡人"摆出的专利。这里所说的"尊贵人"，泛指地位、金钱、名望什么的。摆架子的表现有：高高在上的冷漠态度，目中无人的藐视目光，爱理不理的"嗯呵"官腔，动辄训人的蛮横专断，因为讲不出新意而说些老话、套话等。

有一家单位，新领导上任后做的第一件事就是召开所有职工参加的民主生活会，他郑重其事地讲道："这次民主座谈会其目的就是听听大家的意见和建议，便于及时解决大家生活和工作上的实际困难，这有利于今后各项工作的开展，希望大家不要有啥顾忌，畅所欲言。"领导讲话结束后，一些员工拿着意见征求表，怀着激动的心情填写着自己多年来没法解决的困难和问题，并绞尽脑汁地为领导出谋划策。结果怎样呢？有实际困难的人，困难还是困难。悲惨的是那些当时给领导提意见和建议的人，都被领导放在了"重要位置"——干不完的苦活累活，加班加点地干，甚至是出力不讨好。

这是一种恐怖的"钓鱼式"极权管理。对这位领导来说，他刚愎自用，却摆出一副很民主的样子。别人给他出主意，他却理解为这些人爱出风头、好表现，甚至理解为低估能力。说到底是面子和架子惹的祸。试想在这样的领导管理下，团队还谈什么进步？

套一句流行语，什么面子架子其实都是浮云，切勿沉迷于浮云中，让面子和架子给自己上了两道枷锁。放下架子，丢掉面子，经营管理者才能看到浮云背后那片广阔的天空。

架子是一种病毒，
管理人员一旦染上就会
听不进、学不进、装不进，
说不了、做不了、变不了，
看不惯、容不下、扎不深，
骄满浮虚、狂窄戾恶，
会成为团队前进的阻碍。

6

浮在面上的都是死鱼

在一般的观念里，企业的管理人员总是处于管理程序的上层，企业内信息的传递也是通过层层的组织才自上而下或自下而上地传递到对方手中，但企业越大，管理层与一线员工的距离就越大，这样的管理方式不利于信息的准确传达，也不利于管理层及时掌握一线信息。一线员工也很难感受到来自管理层的关心，甚至工作很久都不知道老板是谁，这并不是一种良好的企业管理方式。

在我看来，优秀的企业管理人员应该是能够沉到一线去的，越是大的企业越是应该这样，这样的领导被称为"一线领导"，这种管理模式也被称为"走动式管理"。这个概念是美国管理大师汤姆·彼得斯提出的。

"走动式管理"建议管理人员不要待在办公室里翻阅各种数据和报告，而是到员工中间、客户中间以及供应商中间，直接地面对面地同他们交流。管理人员走到一线去，有利于掌握最真实的市场信息，及时发现经营中出现的问题，最重要的是与一线员工的交流，可以使一线员工感受到企业的关心，提升其士气。

日本著名企业家土光敏夫接管东芝电器公司后，针对东芝电器公司每况愈下的困境，马上改变了前任的管理模式，坚持每天上班总比别人早半小时站在工厂门口，向工人问好。他还经常到生产流水线，和员工面对面交流，倾听员工的意见和建议，在生产现场让员工基本上都认识他和接受他。他经常和员工一起吃饭，拉家常，关心员工的衣食住行。时间久了，土光敏夫竟能叫出所有员工的名字。员工十分感动，士气大振，东芝电器公司的生产很快走出困境。

彼得斯认为，实行走动式管理，要实现三大目标：倾听、指导和协助。走动式管理的目的是"要发现员工的工作进展如何以及他们在工作中都遇到了什么样的麻烦，通过询问来指导他们做一些重要的事情"。

日本另一位企业家、管理学大师稻盛和夫也认为，一线领导不仅为领导者树立了"平易近人、求真务实"的形象，还形成一种信息沟通渠道，员工可以将一些平时无法反映的情况反馈给领导，使很多管理问题都能得到及时的解决。

麦当劳的创始人雷·克罗克就是走动式管理的践行者，他不喜欢整天坐在办公室里，而是经常到各公司、部门甚至各门店走走、看看、听听、问问。麦当劳公司曾有一段时间面临严重亏损的危机，克罗克在"走动"中发现，一个重要原因是公司各职能部门的经理有严重的官僚主义，习惯躺在舒适的椅背上指手画脚，把许多宝贵时间耗费在抽烟和闲聊上。于是他想出一个"妙招"，把所有经理的椅子靠背锯掉，并立即照办。开始很多人都不理解，骂克罗克是个疯子，但不久后大家就体会到了他的一番"苦心"。这些经理也纷纷走出办公室，走到一线，开展"走动式管理"，及时了解情况，现场解决问题，终于使公司扭亏转盈。

有句话说，喜欢走市场的老板容易成功。这是因为多走一线的老板，比成天坐在办公室听汇报的老板，能更直观、更全面地掌握市场信息。一线的业务往往是企业面对客户的最直接渠道，也是了解竞争对手信息的最直接方式。

沃尔玛的老板罗伯逊·沃尔顿也喜欢泡在一线，有时候还亲自上阵，与员工一起干活。有一次，记者要采访他，得跑到商场里去找人，记者问他："你承诺我接受我的采访，怎么你不在办公室呢？"沃尔顿说："我跟你说我在工作场所。"记者问他："你的工作场所不是办公室吗？"沃尔顿说："是卖场。"那么，沃尔顿天天在卖场里做什么呢？他会帮员工理货，帮顾客结账，这样他能够看到最前线发生的事情，看看他的决策准不准确，有没有误差。所谓细节决定成功，大抵如此。

我从事家具行业这么多年，全国各地门店数量不断增长，如果不是"走动式管理"，我很难保证企业运营能够如今天一般顺畅。我认为不管是大企业还是小企业，管理人员都不应该是高高在上的。装模作样的老板永远都不知道前线发生什么，天天坐在办公室里听汇报，汇报的东西有时候并不完全是真实的情况，员工可能为了一些自身的原因，隐瞒了一些事实，这样管理层做出来的决策就难免会有偏差。所以，管理人员要沉下去，才知道水底存在什么，发生了什么。

需要注意的是，管理人员切不可将走动式管理形式化、官僚化，有些管理人员由于被要求进行走动式管理，迫于压力只是在形式上到一线随便走走，还装模作样摆排场，搞得像是政府领导视察一般。真正的走动式管理是一项持续性的工作，需要长期坚持到一线去了解情况，要了解最真实的情况，不需要提前通知，否则就会变成一场政绩秀。

7

老板、总裁、经理、主管：他们到底是干什么的

一个企业无论大小，都有些不同的职位和分工，如老板、总裁、经理、主管，他们，到底在干些什么？在不同职位上的管理者，应该如何工作，以什么心态去工作呢？

首先来说说最高层的管理者。作为一家企业的掌门人，如何管理才能让员工愿意在他的企业工作？很多优秀的企业之所以能做大做强，除了产品质量过硬外，好的管理模式也尤为重要。我认为最有效的是人性化管理。

人性化管理强调的是以人为本，关心员工的感受，重视对员工的培养。以前的企业常说"顾客就是上帝"，后来，国外的一些企业管理学家就提出一个新的观点：企业有两个上帝，一个是顾客，一个是员工。这反映的就是人性化管理的重要性。日本企业在这一方面的做法可圈可点。

很多日本企业的管理理念是，企业家为员工提供一个家，把每个劳动者看

成是家里的成员，企业为每一个劳动者创造一个优良的工作环境，让他们在这里感受到快乐，并通过晋升、福利保障员工的未来。日本的企业称为"株式会社"，其实就有紧密团结、像一个大家庭一样的意思。

索尼公司创始人盛田昭夫常对新加盟员工说的一段话是："索尼是个亲密无间的大家庭，每个家庭成员的幸福都靠自己的双手来创造。在这种崭新的生活开始之际，我想对大家提出一个希望：当你的生命结束的时候，你们不会为在索尼度过的时光而感到遗憾。"

日本企业对员工的培养很有一套。一些企业会为员工实行"职业生涯发展计划"，根据这一个计划，把员工的职业生涯分为四个阶段：第一阶段是刚进企业到 28 岁左右，这是求知的阶段；第二阶段是 30 岁左右，积极应用所学技术的阶段；第三阶段是 35 岁到 40 岁，成熟阶段，可以领导下属人员一起工作；第四个阶段是 45 岁以后，成为企业的管理者。实行了这一计划，企业会根据不同阶段采用不同的培养方式，使得每个阶段的员工都能得到相应的成长。

人性化管理已经为全球大部分企业所认同和采用。在欧美企业中，壳牌公司的人性化管理也是很出名的。在壳牌公司的企业管理中有一项是"HSE（健康、安全、环保）管理"，即使因此影响盈利，也不会放弃。有时候随着企业的扩大，人员的增多，很多企业很难真正做到关注员工的工作环境和人身安全，但壳牌施工项目中有一个"停止工作原则"，指的是"在员工的安全、健康或环境受到直接威胁时，所有员工，包括承包商员工都有权利停止工作"。

人性化的管理就像是一个力量强大的吸盘，可以把员工凝聚到一起，真心诚意地为企业，也为自己工作，在帮助企业获得成功的同时自己得到成长。

相对于创始人与董事长，总裁的职责则偏重于企业的运转，制定发展战略等等，掌握着企业很多方面的决策权。这便涉及权力的下放问题，既要懂得授权，又要防止权力过分伸张，在这方面，台塑集团的创始人王永庆的管理方法为业界所称道，被台湾企业界和学术界评价为"以中国传统文化为背景的决策集权、执行分权的管理体制"。

台塑集团没有设集团母公司，但在企业里有一个核心决策机构，就是创办人之下的"七人行政中心"，这个七人小组由王永庆的两个女儿和王永在的两个儿子，以及三名职业经理人构成。除了这个最高决策层，台塑还设立了一个管理机构——总管理处。总管理处设双层架构：一层是总经理室，由15个机构组成，称为"专业事务幕僚"；二层是15个职能部门，称为"共同事务幕僚"。一层的总经理室负责企业制度的制定、改善和完善，以及对制度执行的监督；二层的职能部门负责制度的执行。通过双层架构维护所有关系企业的正常运营，这种双层机构模式的最大意义就是把制度的制定和执行分开了。

王永庆也是一个非常重视人才培养的企业家，他的人才管理模式总结起来就是压力管理和奖励管理。压力管理最经典的便是台塑的"午餐会制度"，下一篇文章有详细介绍。台塑的金钱奖励包括年终奖金和改善奖金。王永庆私下发给干部的奖金被称为"另一包"。"另一包"又分为内部通称的黑包和给特殊有功人员的杠上开包。据说，业绩突出的经理们每年薪水加红利可达新台币四五百万元，少的也有七八十万元。

除了通过压力和奖励激励员工，王永庆也十分善于选拔人员。他认为人才就在身边，应该从企业内部去寻找人才，因此，当台塑缺乏人才时，都会先看看内部有没有合适的，而不是立即对外招聘。王永庆说："寻找人才是非常困难的，最主要的是，自己企业内部的管理工作先要做好；管理上了轨道，大家懂得做事，高层经理人才有了知人之明，有了伯乐，人才自然就被发掘出来了。自己企业内部先行健全起来，是一条最好的选拔人才之道。"

一家企业就像是一个人，身上有很多不同的器官和组织，要让企业活起来，就需要让不同的人来管理不同的职位，就像我写过的一个微博段子：老板不要老板着脸，总裁不要总在裁人，经理不要对工作经常不理，干部不要工作不干，主管不要主要的都不管。

只有各司其职，同时，各个部门之间通力合作，营造出一种合适的企业文化，锻炼员工的执行力，减少不必要的人员成本，这样企业才能高效地运转，业绩蒸蒸日上。

8

管理者要学会给压力

联想集团创始人柳传志有一句名言："折腾是检验人才的唯一标准。人才都有必要经过一番甚至几番折腾，每一次折腾就是一次能力提升的过程。"联想集团有很多优秀的人才都是经过柳传志的"折腾"才脱颖而出的。杨元庆便是这样不断成长、成熟的。

1988年，24岁的杨元庆来到联想，他的第一份工作是销售业务员，虽然这份差事杨元庆并不是很喜欢，但还是非常积极、勤奋，他敏锐的市场眼光和出色的客户服务意识引起了柳传志的注意。4年后，杨元庆被任命为计算机辅助设备部总经理，又过了两年，杨元庆被任命为联想微机事业部总经理，柳传志才把从研发到物流的所有权力都交给了杨元庆。2001年，37岁的杨元庆正式成为联想的总裁兼CEO。

杨元庆的脾气其实还挺倔强的，为了磨一磨他这个脾气，1996年的一个晚会上，柳传志当着大家的面狠狠地骂了他："不要以为你所得到的一切都是理所当然的，你的舞台是我们顶着巨大的压力给你搭起来的……你不能一股劲只顾往前冲，什么事都要找我柳传志讲公不公平，你不妥协，要我如何做？"

第二天，柳传志写了一封信给杨元庆：只有把自己锻炼成火鸡那么大，小鸡才肯承认你比它大。当你真像鸵鸟那么大时，小鸡才会心服。

以找老公老婆的标准找员工，
你一定会找到人才；
把公司当自己的家，
你一定会得到老板的赏识；
把顾客当老板去伺候，
你一定会签到单；
把员工当自己的亲生孩子一样对待，
你一定会得到员工的爱戴。

看到一句话：事业就像电流，电压越高，流量越大；你的工作压力越大，你事业的高度就会越高。管理者给予员工压力，其实是在帮助员工成长，若没有适当的压力，员工便会变得越来越懒散，工作积极性也会越来越被削弱，慢慢地就会产生工作惰性，这对员工自身的发展和企业的发展无疑都是非常不利的。

给员工适当地施加压力，是企业管理方式的一种，可以称之为"压力管理"。压力管理其实就是要让员工担负更多的责任。要想从竞争中胜出，只有发奋努力，别无他途，否则就有可能被淘汰。现在很多企业中都有那些过着做一天和尚撞一天钟的生活的员工，如果不施之于压力，会是一种严重的资源浪费。

曾有国外记者这样评价台塑集团创始人王永庆的管理方式："他的行事手段近乎残忍，秘诀是对工作细节毫不留情。他手下的管理人员若换成西方人，恐怕早被他折磨死了。"

这位记者的评价虽然有些许夸张，但也是建立在事实的基础上。王永庆有个习惯，每天中午都在公司吃饭，用餐时会召见一个或几个单位的主管，听他们报告，其间会向他们提出很多细微而又犀利的问题。为了不被"问住"，台塑的中层需要做许多许多"功课"，因为王永庆总是会问得很细致。据说很多人因此患上了胃病，这又被戏称为"台塑后遗症"。

王永庆不仅对员工施以压力，对自己的要求也是很高的，他一贯认为，主动迎接挑战，能充分表现一个人的生命力。

管理者给员工施加压力，并不是莫名地给员工增加负担，把员工压得喘不过气来，而是要让员工警醒，要认真工作、不可懈怠。适量的压力对员工来说就是积极的压力，表明了公司对其重视，员工一般能够在积极的压力下工作，并发挥个人潜能完成工作，有时候还可能得到惊喜的效果。但如果是过度的压力，超出员工的承受范围，就会变成一种消极的压力，这不仅不能带动员工投入工作，反而会让员工对自己的能力产生怀疑。

心理学研究表明，人们在轻度兴奋和适当的压力状态下才能发挥最大的潜力。所以在工作中，管理者适当给予员工压力是有利于员工的表现的。

英特尔公司为了使员工能更好地发挥潜力，制定了一系列独特的用人方法。公司在新成员到来之后，没有为他们提供专门的培训，而是马上让他们投入工作，让他们在工作中向别人学习经验，迅速解决自己上手的问题。这种安排对新人来说无疑是充满压力和挑战的，但是这种工作与学习方式恰恰激发了新员工无限的动力。

此外，在人员的提拔上，英特尔也有其高招。不论一个人是否已经做好晋升的准备，公司都会直接把他们安排晋升到更高的位置，在这种情况下，真正有能力的人就会接受更高的挑战。英特尔公司认为，对于一个新员工来讲，有没有发展潜力，不在于他过去有多少相关的经验，而在于他个人的学习能力和学习速度。学习速度高的人，一旦被安排在更高的更具有挑战性的位置，面临压力，他会被激发，会以更高的速度学习，往往在短期内就能达到目标。

譬如，当英特尔提拔盖尔·辛格负责 486 晶片开发计划时，他才刚刚 27 岁，没有太多的管理经验。但英特尔创始人之一的安迪·葛洛夫认为他是合适的人选，因为他有深厚的科技知识做背景，同时他有不断进取的决心，会主动学习和吸收所需的新知识。果不其然，辛格上任后成功地带领他的 486 开发团队顺利完成计划。在之后的工作中，他不断取得好成绩。

不是天生我才必有用，

而是天生我才必大用；

不是好好学习天天向上，

而是天天学习，好好向上；

不是顾客就是上帝，

而是上帝就是顾客；

不是团结就是力量，

而是力量就是团结；

不是成功的男人后面有一个女人，

而是一个成功的女人，

制造了一个

成功的男人。

9

快乐、真诚地做生意

我认为，要把企业经营好，态度很重要。用快乐的心态和真诚的态度去经营至关重要。将生意当乐事来做、当善事来做，把客人当朋友、当家人来对待，你定会财源滚滚来。

企业发展追求利润，这是天经地义的，但是，应当把握一个"度"，要懂得适可而止，过分地追逐利润只会让经营者迷失方向，甚至不择手段，做出短期损人利己，长远来说损人不利己的蠢事。

看到一则新闻。在苏州的一家化工厂里，很多工人都患上了"职业性慢性中度正乙烷中毒"，这种病是由于长期接触以正乙烷为主要成分的一种去渍油所引起的，长期对着这种油眼睛会痛，甚至中毒。但是化工厂的老板根本没有事先告知员工，化工厂的工作间是一个密闭的空间，30 多个人挤在一间 100 平方米的房子里工作。

跟很多我们平常说的"血汗工厂"一样，工人们一天要工作 12 个小时，有时候是 14 个小时，整整一周都没有休息时间。工作时间一长，工人们陆陆续续地病倒了，手麻，腿没劲，头晕。后来太多人患病了才到医院去检查，找到了病根。

这家化工厂的情况也许只是千千万万化工厂的典型之一。化工企业利润微薄，企业主为了赚得多一些，只能压榨工人，利欲熏心之下员工的健康丝毫没有被考虑。

稻盛和夫先生说过，不要追求利润，让利润跟着你跑。企业要想获得持久的利润，应当适时地放弃一些利润，将资金和时间用于企业文化建设，或者承担一些社会责任，这样一个企业才能健康成长，事半功倍。

稻盛和夫亲手创建了两家世界500强企业，但现在人们关注最多的是他的经管哲学。他认为自利是人的本性，没有自利，人就失去了生存的基础；与此同时，利他也是人性的一部分，没有利他，人生和事业就会失去平衡并最终导致失败。

"利他"不管在企业管理还是为人处世中不可或缺。"利他也不是乌托邦，而是文明进步的一种精髓。具有利他精神的文化变革是企业竞争力升华为更高阶段的重要标志，也是商业文明发展到更高阶段的重要的标志。"他说。

企业要提高自身的竞争力，还要懂得真诚服务。至诚可以感鬼神，何况人。诚意是你最动人的魅力。真诚的服务可以为企业树立良好的口碑，为企业的发展带来更多的商机和效益，推动企业向前发展。

一个法国农场主一次驾着奔驰从农场出发去德国，但是当车开到法国的一个荒村时，汽车发动机出现了故障，农场主的心情糟透了，对奔驰公司也很生气。于是他只好用汽车里的小型发报机联系上德国奔驰车总部。奔驰公司说会立即处理。虽说是立即，但是在这荒郊野外，要到也不是马上就能到的，车主只好坐在车里发呆。结果，出乎意料的是，一个小时过后，天空中传来了飞机的声音，原来是奔驰汽车的工程师带领检修人员坐飞机赶来了，见到车主马上说对不起，让您久等，会在最短时间内把车修好。

农场主心里很感动，但也不得不盘算这次维修费得多高啊。汽车修好之后，工程师说这是免费服务，"出现这样的情况，是我们的质量检查没有做好，我们应该负全部责任，包括为您提供无偿的服务。"事后没多久，奔驰公司又主动为这位农场主换了一辆同型号的新车。

服务可以做到什么程度？大品牌的文化是如何体现的？奔驰公司的做法无疑体现了一个大公司、大品牌应有的风范，一个企业能做大做强是有它的道理的，真诚的服务是企业经营的利器，甚至能够直接击中你的心坎。

10

什么是公平

每天都有人在抱怨这个世界不公平。

为什么同事升职这么快，我还一直原地踏步？为什么有些领导就有特权？为什么人家能住千百万豪宅，而我一辈子忙忙碌碌只能做个房奴？为什么有些球星明星金光闪耀，享受世人的追捧，而我一生只是平平淡淡……

但是，抱怨的人们，你们曾经努力过吗？抱怨过后，你们是更加努力了还是自暴自弃？

新东方创始人俞敏洪曾对学生们讲，你不努力，永远不会有人对你公平，只有你努力了，有了资源、有了话语权以后，你才可能为自己争取公平的机会。

或许你觉得你身边没有资源，而同学有的是什么部长的儿子，有的是大公司的老板的儿子。还有同学说，这个世界、这个社会真不公平，别人有的东西我都没有，你看他身上穿的名牌服装，我就没有，他用的是苹果电脑，我就没有，他用的是 iPhone，我连手机都买不起。不过，人都有两条腿，是为了让你跑，是为了让你跑得更快，只要你坚持跑下去，你就会跑出你自己意想不到的距离。

有记者在采访 NBA 著名球星科比时问："你为什么如此成功？"科比反问记者："你知道洛杉矶凌晨 4 点的样子吗？"记者摇头。科比回答："我知道每一天凌晨 4 点洛杉矶的样子。"

所以现在大家知道科比创造奇迹的原因了！

也有人常觉得某些领导有特权，心里觉得不公平。

谷歌公司一位名为科里尼·达利的人是谷歌公司的公关经理，拥有一间独立的办公室，三面都是透明的玻璃幕墙，挂着蓝色的百叶窗。因为那些百叶窗的缘故，直到秘书的一次无意闯入，他的秘密才被发现。原来，达利习惯脱掉上衣工作。一年四季，春夏秋冬，只要进入办公室，拉上窗帘的时候，他都喜欢赤膊。

总裁因此找他谈过话，但无济于事。据说达利告诉总裁，在没有妨碍到他人的情况下，自己必须如此，因为这样可以"更有灵感"。

谷歌公司内部因此开始吵闹。有人在上班的时间，故意播放重金属音乐。有的女员工们为了追求舒适，开始穿着宽松的睡衣上班。工作即生活，谷歌本来自由畅快的企业文化，现在一下子几乎完全变成一个"休闲娱乐场所"了。

为了恢复正常的办公秩序，公司开始警告一些过分的员工，这让大家有所收敛。奇怪的是，科里尼·达利的赤膊行为并没有被制止。

几天后，谷歌员工收到了一封信。这封来自总裁办公室的邮件，讲述了一个古希腊哲学家第欧根尼的故事：第欧根尼有个怪癖，那就是习惯住在木桶里，他没有自己的房间，没有家。一些挑衅者说："第欧根尼，如果我们打碎了你的木桶，你会怎么样？"第欧根尼说："没什么，木桶碎了就碎了，总会有人再送木桶给我，因为我是第欧根尼！"

后来再也没有人提起过反对科里尼·达利光背上班的事了，这个来自总裁办公室的故事，明白地告诉了他们一个道理——身在职场，你不能要求绝对的公平，不能要求任何人都拥有不属于自己的独特的权利。一部分人之所以能那样，是因为他们作出过配得上那些特权的贡献。而如果你觉得不公平，你应该做的，就是努力地把自己也列入你认为的"特权阶层"。

哈佛商学院的一本职业教科书上面写着一句话：如果你想成为一个职场的成功者，那么，请永远不要为职场的不公平而抱怨。

当你处在一个不公平的环境中，你的选择永远只有：要么在抱怨里堕落、离开，重新开始，遭遇新的不公，循环到最后，你依旧是个弱者；要么你就应该认可和接受，并且把它当成动力，迎头赶上。

当你羡慕别人坐拥巨富享受高品质生活时，当你妒忌别人拿着高薪坐着高位时，当你看到的机会总是让别人遇到时，你是否反省过：我够努力吗？当你以为自己很努力很辛苦，付出了很多时，一样有必要自问：真的足够努力了吗？我们真的达到自己的目标了吗？即使我们完成了预定的目标，但我们真的做得足够快足够完美了吗？

有些人在拼命地追求公平，比如收入不如别人、住房不如别人、机遇不如别人、境遇多么悲惨，最后他们得到的永远是不公平；有些人在拼命地追求不公平，比如，如何地超越他人、不同凡响、在乎荣誉、鹤立鸡群，他们获得的是"世界没什么不公平"。

对职场人士如是，对企业掌门人来说一样是这个道理。民营企业家这些年周遭环境恶劣是事实：成本高、税收高等等，但一些人耽于呼吁"不公平待遇"，而不是思考如何自救。到最后就是积攒了越来越多的"负能量"，整个企业文化和氛围也越来越消极。真到有一天民营企业在政策和市场竞争中获得了与国企一样的待遇时，他可能照样崛起不了，然后继续喊叫称自己遭受了新的不公平待遇。

上帝对每个人都很公平，他给你关上一扇窗，就会为你打开一扇门。你认识到自己的不足之处，也许正是你的优点；你最骄傲的那面，可能正是你的缺点。

11

真正有本事的人，都是在让别人有本事

对一位企业主来说，最大的本事，就是让别人有本事；最大的价值，是让更多的人有价值；最高的领导力是建造有领导力的组织；最伟大的梦想，就是让追随者有梦想，并为梦想而奋斗。

和大家分享几个我看到的小故事以表达我的观点。第一个是关于行李箱的故事。古时候，有两个兄弟各自带着一只行李箱出远门。一路上，重重的行李箱将兄弟俩都压得喘不过气来。忽然，大哥停了下来，在路边买了一根扁担，将两个行李箱一左一右挂在扁担上，一人挑起两个箱子上路，反倒觉得轻松了很多。同时减轻了自己和弟弟的负担，可谓两全其美。

第二个是关于钓鱼的故事。有两个钓鱼高手到鱼池垂钓。他们各展身手，没多大工夫，皆大有收获。他们的表现吸引了一大群游客的观望，有的看到这两位高手轻轻松松就把鱼钓了上来，不免感到几分羡慕，于是到附近买了一些钓竿来试试自己的运气。但这些不擅此道的游客，怎么钓都是毫无成果。

而那两位钓鱼高手，性格各异。其中一人不太爱搭理人，独享垂钓之乐；而另一位很热心，爱交朋友。后者看到焦急的钓不到鱼的游客便说："我来教你们钓鱼，不过有个条件，如果你们学会了，每钓到十尾鱼就分我一尾。不满十尾就不必给我。"众人均欣然同意。

要求学习的人越来越多，这位高手教完这一群人，又到另一群人中，尽其所能传授钓鱼技巧。这一天，他把所有时间都用于指导垂钓者，最后他获得的不仅仅是好几筐鱼，还认识了许多新朋友，并赢得了他们的尊敬。第一位钓鱼高手

的情形自不必提，能力再强，一个人钓到的鱼总是有限的，关键是他少了与大家分享的乐趣。

上帝是公平的，你对别人热心，把别人当朋友，多帮助别人，自己开心，他人也开心，有时兴许还会有意外收获。相反，如果自恃清高，看不得别人比自己强，到最后自己未必开心，不经意间还失去了许多东西。

庞涓是狭隘的，他不愿孙膑胜于他，施加毒手，最后兵败身亡；周瑜是狭隘的，他不肯诸葛亮胜于他，最后三气吐血而死；慈禧太后下棋，别人吃她一马，她杀对方一家，死后为人所骂……这皆是心胸狭隘的败局。

江苏常州一位中学生在题为《告别狭隘之心》的中考作文中写的一句话很是经典："如果天空不宽容，容忍不了风雨雷电的一时肆虐，何来它的广阔之美；如果大海不宽容，容忍不了惊涛骇浪的一时猖獗，何来它的深邃之美；如果大地不宽容，容忍不了山崩地陷的一时造孽，何来它的辽阔之美；如果森林不宽容，容忍不了弱肉强食的一时蜕变，何来它的原始之美；如果宇宙不宽容，容忍不了星座裂变，何来它的无限之美……是宽容缔造了它们！"

具有积极心态的人注定是领导者，而拥有消极心态的人注定是被领导者。用宽容宏大的胸怀包容别人，去帮助别人，最终更能成就自己。有人说过，做人要做一泓泉水，你低低地流淌，其他泉水才会涌向你。这话一点也不假，水向洼地流；能看得出的聪明，不是大智；牙齿比舌头硬，可舌头总比牙齿寿命长；真正有本事的人，总是在让别人有本事。

一个出色而受欢迎的人，必定有着热忱的态度与合作的精神。古人云："助人者，人恒助之。"乐于助人正是良好人际关系循环的开始。学会分享，就不应该计较一日之短长，那种"肥水不流外人田"或"舍不得让人赚大钱"的思想，无异于故步自封。

第三个故事是关于上帝做过的一个试验：他把人类分为两批，在每批人的面前都放了一大堆可口美味的食物，每个人领到一双又细又长的筷子，并被要求在规定的时间内将桌上的食物全部吃完，不许有任何浪费。

比赛开始了，第一批人各自为政，只顾拼命用筷子夹取食物，但却因筷子太长、不灵活，总是无法及时将食物送入自己口中，并因为你争我抢，造成了食物极大的浪费。上帝看到此景后摇了摇头。

轮到第二批人了。他们一上来并没有急着用筷子往自己嘴里送食物，而是大家一起围坐成一个圆圈。他们先用自己的筷子夹取食物送到坐在对面的人嘴里，然后，由对方用筷子夹取食物送到自己嘴里。就这样，每个人都在规定时间内吃到了桌上的食物，并丝毫没有造成浪费。第二批人不仅享受了美味，还获得了更多彼此的信任和好感。上帝看了，点点头，感到还有希望。

上帝在第一批人的背后贴上五个字——"利己不利人"，而在第二批人的背后贴上另外五个字——"利人又利己"。

第四个故事是这样的：一个房子里住着三个人，分别是鞋匠、裁缝和理发师。鞋匠的鞋子是好的，但是衣服和头发都很糟；裁缝的衣服是好的，但是鞋子和头发都很糟；理发师的头发是好的，但是鞋子和衣服都很糟。补鞋子要一块钱，洗衣服要一块钱，理发要一块钱，他们每个人都需要两块钱才能把自己从头到脚弄干净，从而出去工作。但是他们都只有一块钱，所以他们都不能去工作。有一天，一位访客给鞋匠出了一个主意，他让鞋匠给裁缝一块钱，这样鞋匠的衣服就好了；裁缝有了两块钱，他把钱给了鞋匠和理发师，这样裁缝全身都干净了；理发师也有了两块钱，因此也全身都干净了；这时，鞋匠手里有两块钱，他又给了理发师一块，最后三个人都穿戴整齐了，而钱还是每人一块，没有多也没有少。这几个故事都告诉我们，帮助别人的同时，也帮助了自己。

想想道理其实很简单。如果你心里容不得别人好，事事处处记恨，每天醒来都是怎么勾心斗角，怎么想方设法阻碍别人成功，你就算成功了，又有何意义，又怎么会快乐？相反，以宽容的心态去接纳别人，不管是朋友还是所谓的对手，成就他们，这样自己心里开心，他人感恩于你的帮助又会反过来帮助你。

了不起，就会起不了；

水都向洼地流，

能看得出的聪明不是大智；

牙齿比舌头硬，

可舌头总比牙齿寿命长；

真正有本事的人，总是在让别人有本事。

12

不要迷信所谓的专家

如今一些"专家"，连一个鸡蛋都没卖过，就教人营销；连个体户都没做过，就教你管理。在我看来，如果要做真正的专家，就应该负责任地积累一些实践经验再说，否则就是误人子弟。我常跟年轻人说，有人教他们不要自我设限，要大胆、更大胆。可是大胆是有条件的，否则，"专家"们就是先不教人游泳，却要让学员往水里跳。

其实当个专家并不是一件特别困难的事，很多人随随便便搞一个博士头衔，然后就说自己是专家，到处去给别人做指导、做培训，但事实上，很多所谓的专家都没有真才实学，即使他真的拿了一个文凭，把自己关在室内，躲在书里做研究，也很难琢磨出个所以然来。

在房地产这个一直都这么热门的话题上，常常都有专家出来为老百姓答疑解惑，人民网曾发表过一篇文章《老百姓购房十大死穴》，其中的一大死穴就是迷信专家学者。说到房地产这个话题，专家学者之多真的是满天飞，每一个专家说的东西乍听上去头头是道、有理有据，但深究就会发现，他们说的要么自相矛盾，要么就是在为利益集团代言。

没有实战经验，仅凭借对一些报道或者研究成果的分析就得出所谓的观点，可笑之极。要知道很多房地产论坛上发言的学者，他们出来发个言都是有出场费的，且一般都是房地产开发商埋单，这样一来，谁能保证这些学者说的话是客观的？此外，很多专家学者可能根本就没有经历过买房这个过程，他们住的房子可能就是政府分的或者是房地产商送的，从来没有到一线市场去了解情况，又怎么能得出靠谱的结论呢？

这似乎是一个人人都能成专家的时代，网络上曾经盛传一个帖子《专家速成手册》，调侃了一番那些所谓的专家们。手册描述了专家们是怎么讲话的。

专家之所以称为专家，就是要见人所未见、言人所未言。例如，有人说："物价涨得太厉害了。"你要说："不是物价涨，是东西太便宜。"

分析问题原因的时候，要分出一二三四。就算是一个原因，你也要分出一二三四来。例如，你可以说："我分析这次发改委提高油价有三个原因：一、主要是受国际上油价上涨的影响。二、人们对柴油的需求量增加。三……"

要说那些别人听不懂或者听完之后就迷糊的话，而且自己懂不懂没关系。例如有人问："你觉得楼价这么高正常吗？"你可以说："我们必须一分为二地看问题，虽然从某个角度来说不正常，但是从社会学上来讲……"

有大局观念，这是保证你成为专家之后能在国家媒体上保持上镜率的关键。例如，你可以说："虽然我们的法律法规还不太完善，但是目前我们国家在这一方面已经有了长足的发展……"你还可以说："对于你提到看病难的问题，美国也存在这样的问题……"

不管别人提什么千奇百怪的问题，你都要回答："这很正常。"例如，有人问："为什么中国足球搞了这么多年改革，现在连伊拉克都踢不过？"你可以说："这很正常，因为足球比赛中有很多不确定因素。"有人问："你为什么老是说这很正常？"你可以说："这很正常，因为我是专家。"

虽然只是一个调侃的帖子，大家当作笑话看看就罢，但是网友们的整理并非无凭无据。那么，为什么这些专家的言论在明眼人看来是错漏百出，但仍然有人在迷信专家，专家的市场始终没有萧条呢？一个原因是对百姓来说，很多与生活息息相关的问题，如买房买车、食品安全等缺乏一个咨询的渠道，没有人可以答疑解惑，政府也没有设立一个专门的平台，而且在很多老百姓眼里，学历高的人、有知识有文化的人说的东西总是值得信任的，所以有时候为了求个心安只能选择听信专家所言。

专家们正是利用了民众这种纯朴心态，冠冕堂皇招摇撞骗。"劣币驱逐良币"的现象开始上演，越来越多的真正的研究者感到失望，甚至有的也走上了"表演"这条路。学者赚钱无可厚非，怕的是学术背后掺杂更多的利益与承诺。

现在所谓专家们的学术成果当中有多少是踏踏实实地研究出来的呢？中国每年发表的学术论文数量排名世界第一，人多力量大嘛。可是引用率呢，在全世界排名 100 位开外！这就好比中国的 GDP（国内生产总值）跃升至世界第二，但人均 GDP 却排在 89 位。引用率也可暂且不谈，质量又有几人敢恭维，这些年学术造假同样层出不穷，令人汗颜。试问，如果连本职的学术研究都如此不负责任地对待，在公开的媒介对毫不相关的老百姓提出的所谓建议又有多少可信的价值呢？

一言以蔽之，我们看待问题，应该有自己的思考体系和批评性的眼光，专家的言论只能作为参考，而不能听之信之。古人云，尽信书则不如无书。对待这些专家的言论也应该采取这种态度。

而当我们在批评这些所谓的专家的同时，我也在思考，老百姓需要专家答疑解惑的这些问题是永远会有的，那么如何才能让老百姓接触到真正的有实战经验又有理论水平的专家呢？学者们所做的研究归根结底还是要为社会服务的，为老百姓解决实实在在的问题也是社会责任感的一种体现，那么，什么样的形式最有效且最具持续性呢？

13

文化的力量有多可怕

香港上百年来受英国的影响，人走路靠左行，自从内地开通香港自由行，大量游客涌入后，现在香港街头人们走路几乎都被内地人强行改为右行，这就是可怕的文化的"力量"。

又比如，每逢春节来临前，每个人都在用不同方式做着同一件事情：乘飞机、坐火车、开汽车、开摩托车、开拖拉机、骑自行车甚至迈开双脚，朝着一个目标前进——回家。在咱们中国人的传统观念中，春节就要团团圆圆，除夕夜必定是大家围炉齐过年。这种对春节普遍认同的观念和方式就是文化。这样一种不约而同的行动，不用号召，不需要法律规定，却千百年来成为大家的一种自觉。这一样是文化的力量。

人们常说，一个国家的文化，从一定意义上来说，决定着一个国家的命运。各个国家的文化不同，因此各国的思维也不同。

经济基础决定上层建筑，反过来，上层建筑的发展也会对经济基础产生影响。不同的文化思维也对各国的经济产业产生一定的影响。美国的文化强大，全球500强公司美国占200多家；德国文化严谨，精益求精，所以精密制造和技术世界领先；日本由于资源贫乏，盛产岛国文化，擅长精打细算，产品成本最小，最节能节约；法国文化时尚浪漫，香水最为世界认同，因此时尚产业最发达……

再说到我们做企业，企业同样需要文化。文化是力量的源泉，企业文化是决定企业长期经营绩效和持续成长的关键因素之一。

柳传志认为，企业文化主要包括两部分内容，一个是企业核心价值观，一个是企业利益。各个企业的价值观是不一样的，做服务业、做制造业，包括做投资的，一定会不一样。不管一样不一样，就像我们攀登珠穆朗玛峰，最重要是上到山顶。核心价值观的意思是要上到山顶，你可以从南坡上，也可以从北坡上，但是不能一半人从南坡上，一半人从北坡上。

迪斯尼是美国典型企业文化代表之一。当我们走进迪斯尼乐园时，看到的首先是一座巨大的舞台，各种表演使这座舞台真正活跃起来，迪斯尼公司优于他人之处就是训练其工作人员在这座舞台上进行惟妙惟肖的表演。迪斯尼公司用特有的文化使其员工意识到：这首先是一个表演企业。每天以赞扬式回顾开始的训练以及生动的解说让员工们觉得自己是这位乐园奠基人的合作者，和他共同来创造世界上最美妙的地方。

迪斯尼的成功说明了一个道理：文化能创造一切。

中国重庆的一位企业家，力帆集团董事长尹明善，有一次在论坛上也提到了文化的重要性，他的关键词是"卖文化"。

他认为，任何顾客购买东西的时候，既有一种物质的需要，也有一种感觉的需要，就是一种文化的需要，比如我们买化妆品是买美丽，买酒是买乐趣，买西装是买身份，买轿车是买尊严。不久前媒体上的一篇文章，与众不同地表达了普通老百姓为什么买车，"现在堵车堵得这么厉害，有时候堵一个小时，可是我去挤公共交通，我在里面没有尊严，尤其是女士们，所以我宁愿有尊严地堵车也不去坐没有尊严的公共交通。我自己也挤过公交车，那种滋味谁都体会过，所以买东西除了物质的需要之外，还有一种文化的需要"。

麦当劳可谓是美国文化输出的一个重要载体，很多小朋友、年轻人都喜欢去麦当劳。为什么麦当劳这么吸引人？麦当劳从店面的设计到整个服务的过程，带给顾客的是一种便捷、阳光、欢乐的感觉。其实我们都知道，麦当劳的这种快餐食品是没什么营养的，吃多了也不健康，可是为什么还有那么多人喜欢去呢？因为有时候我们买的是它的文化。

尹明善还提到了可口可乐。说到美国文化自然少不了可口可乐。对消费者而言，可口可乐最了不起的地方是：钱少了可以长身份，钱多了喝了不掉身份。在星巴克也好，在咖啡厅也好，说要可口可乐，没有哪个服务员会给你白眼。

比尔·盖茨说20年后微软的产品可能会消失，但是可口可乐肯定还在。苹果的市值已经超过了微软，是不是苹果的技术含量比微软高？不是，其实苹果是在文化上占了上风，它的手机，给人感觉确实是以人为本，人们不断追捧苹果，三代出来换三系列，四代出来换四系列，随即开始期待第五代。

苹果这个现象与可口可乐类似（尽管可口可乐口味永远不变），那就是虽然用的人很多，且各个层次皆有，但是拥有苹果的人还是会觉得自己与众不同。乔布斯把美国第45任副总统，曾代表民主党竞选总统的戈尔请到了苹果公司的董事会，并向外界透露戈尔是苹果的老用户，"他经常用Final Cut Pro来编辑自己的录像"。

乔布斯自己也说，苹果不仅贩卖产品，更在贩卖一种文化。苹果公司的广告也做得很有文化味道。其一辑广告中意外地出现了多位在电脑诞生之前就已去世的伟人：爱因斯坦、毕加索、邓肯、甘地……并配以旁白："这里有一些特立独行的人，他们与社会不同调，在方、圆规矩中不协调，对事情有不同的看法，他们是规则的破坏者。你可以引述他们的观点，或是不同意他的见解，以他们为荣，或是鄙视他们。唯一无法忽视的，就是忽略他们，因为他们改变了世界，使得人类进步。当时他们被视为疯子，现在被视为天才，因为不同凡响，才能改变世界，就像你选择了苹果计算机。"

国与国之间的竞争，企业与企业间的竞争，到最后无一不是文化的竞争。我们的日常生活中也处处存在文化元素。文化有它不可磨灭的魅力，我们可以追捧文化、享受文化、消费文化，更重要的是还要继续塑造文化、发展文化、成就文化。

14

服务不是走程序

某航空公司给我的印象真不好，有一次去哈尔滨，他们的服务非常差，那根本不能叫服务，只能说是"走程序"，该做什么做什么，一点也感受不到被服务，服务可以说是最体现一家航空公司品质的，怎么能像走过场一样呢？

所谓顾客至上，企业经营文化最核心的部分就是服务。顾客持续乐意来买我们的东西，是企业能够维持运营的根本。而现在市场竞争如此激烈甚至惨烈，顾客的选择也越来越多样化，如何才能让顾客一眼认准我们的产品，喜欢我们的品牌？靠的便是服务。

服务有多重要，服务做得好不好对一个企业的影响有多大，先来看这么一则小故事：有家小超市的老板发现，有一位顾客经常从超市前经过，但从来没有进来过，而是走到远处的另一家小超市买东西。两家超市差不多，卖的东西也基本没什么区别，价格也相当，为什么他要舍近求远呢？

有一天他忍不住了，就拦下那位顾客，想问个究竟。顾客说，10年前，我来你这里买东西，有一个服务员对我的态度很不好，我跟她说话，她不理我。那次之后我就再也没来你这里买东西了。远处那间超市服务周到，给人的感觉很亲切，所以我宁愿多走几步路。

老板算了一笔账，这位顾客一天消费5美元，1个月，150美元；10个月，1500美元；10年，15000多美元。员工一次不高兴带来的损失有多大？而且，10年了，天知道当年那个心情不好的服务员得罪了多少顾客，也不知道还有多少顾客是因为这样流失掉的。

有交易的地方就有服务，一间小小的超市因为服务问题流失顾客，造成利润和形象上的损失，在与其他超市的竞争中也处于下风，至少从那位"舍近求远"的顾客来看是如此。

大家可以去观察，所有的大企业，做得好的企业——无论是国外的还是国内的，都会真真切切地把顾客放在第一位。管理学界有一个名词叫做"服务竞争力"。

以前我们谈服务，谈得最多的就是要"笑脸迎人"，如今这只是对服务最基本的要求，如果现在谈服务管理还局限在此，就太肤浅太落伍了。现在服务已经上升到一个什么高度呢？拿我所在的家具行业来说，除了产品品质之外，还要让顾客感受到产品的艺术性，这一样是通过服务进行传达的。我们对员工的培训也特别强调这一点。我经常鼓励员工要及时丰富自己的知识，加强学习，这样当你和顾客交谈的时候，除了服务态度外，顾客还会感受到你的专业知识和美学素养，这样他对你的接受程度就更高，签约的几率就会大得多。

在企业的竞争中，产品是可以复制的，价格也可以照搬，但是唯一不能复制的就是文化与服务，这是一家企业最有力的竞争力。雅芳的广告语是"比女人更了解女人"，做服务也是这样，要比顾客自己更了解顾客。

我禁不住再次以迪斯尼为例。迪斯尼的服务非常重视细节和客户服务体验，并通过大量的培训来提升员工的服务精神。在迪斯尼乐园里，员工每天必做的三件事是：保持园区整洁，准备就绪；让每一位客户都感觉到被重视；提供沟通培训。

在迪斯尼乐园里游玩，你会发现，所有设施和道路都非常干净、整洁，这得益于保洁员的辛勤工作。迪斯尼对保洁员也有一套系统的培训：要学会使用不同大小的扫把，大扫把是用来清扫比较大的垃圾的，并且如果15米内有游客的话，是不能动用扫把的，因为扫地时有灰尘，会影响到游客，而使用扫把的姿势也是要进行培训的；小一点的扫把就用来扫普通的垃圾，还有一把更小的刷子，是用来清洁一些小缝隙里面的垃圾的。

此外，保洁人员还要学照相，因为随时随地都会有游客请他们帮忙拍照，所以为了最大程度地满足顾客的需求，保洁员要学习使用相机，知道如何聚焦、取景，等等。

迪斯尼的保洁员要学的东西还有背熟整个迪斯尼乐园的地形，知道各个景点、服务场所的准确位置，这是为了在被顾客问路时能够清晰及时地指明方向。

此外，你可能想象不到，保洁员还得学会换尿布。没错儿，因为去迪斯尼游玩的有很多是以家庭为单位，就会有很多小孩甚至婴儿，有小孩子的地方就有换尿布的可能。经常会有家长请保洁员帮忙换尿布。

迪斯尼的培训要求员工"积极友好"，鼓励员工主动与客人接触，尊重顾客，随时留意客人的需求。在迪斯尼，所有工作人员和小孩子说话，都是蹲下去说的，这样跟小孩子讲话就是平视，表示对顾客的尊重。在国内的旅游景点，如果有小孩子临时走失了，一般都是通过广播寻人，在迪斯尼，你不会听到这样的广播，因为这会影响其他游客，有时甚至会引起恐慌。迪斯尼有一批保安、保洁员，还有监控系统，会及时留意情况，仔细观察，一旦发现迷失的小孩，或是情绪慌张焦急或是大哭的，极有可能就是找不到家人了，最靠近小孩的员工就会上前询问情况，然后安置好小孩，通知家长来认领。

迪士尼的创始人沃尔特·迪斯尼在谈到迪斯尼的细节服务理念时说，一家生意兴旺的饭店因为一个不协调的因素就可能走下坡路。尽管这家饭店的食品是一流的，服务是一流的，装饰也是一流的，但是因为它播放的音乐不合食客的口味，食客就可能对这顿饭感到不满意——一个小小不协调的因素就可能将整个苦心经营的饭店形象破坏掉，"迪斯尼不想也不能冒这种风险"。

服务不是走程序，走程序只会让人觉得冷冰冰、机械化。服务的过程是一家企业与顾客直接接触的过程，就好比人与人之间的关系一样，如果双方的沟通不愉快，那没有理由和你继续相处下去。而且随着生活水平的提高和观念的更新，现在的顾客对服务要求的层次也越来越高，这对企业而言是挑战更是机遇。好的服务可以无形中提升企业竞争力，赢得客户的信任就等于赚取了长久的利润。正如零点咨询董事长袁岳所说："所有的行业都应当以'服务化'为目标，因为只要是生意人，就有客户，就有服务对象，就有一个共同的需要，我懂你，比你更懂你自己。"

15

电话营销早该进垃圾桶

我从来不认为电话营销是一种好的营销方法，尽管现在仍然有很多企业在使用这种方法，甚至还大谈营销技巧和创新。我认为电话营销早就该被扔进垃圾桶了，因为现代人对电话推销已经厌恶透顶，第一反应是抵触和被骚扰，加上担心被骗的心态，电话营销给顾客带来的常常是对电话号码等隐私等被公开的反感。如果电话营销真能成功，你就不用给老板打工了，投资一部电话机自己干不就成了？

营销，简单地说，你把自己脑袋里认可的东西装进别人脑袋里，别人就会把口袋里的钱装进你的口袋里。营销最初被人所知的概念应该就是"买东西"，这是最原始最简单的金钱交易行为，随着经济的发展社会的进步，营销这一概念和方式已经发生了无数轮的演变。

被称为"现代营销学之父"的菲利普·科特勒在谈到"销售"时说道，星巴克卖的不是咖啡，是休闲；法拉利卖的不是跑车，是一种近似疯狂的驾驶快感和高贵；劳力士卖的不是表，是奢侈的感觉和自信；希尔顿卖的不是酒店，是舒适与安心；麦肯锡卖的不是数据，是权威与专业。

同样，我们做家具的，当我们进行营销活动的时候，销售的不只是产品，还有设计理念、生活品位、意境情趣等，要给产品以精神思想，让它成为一个有灵魂的活体。

今天，营销的内容或者说对象已经越来越丰富，越来越复杂，你卖的可能是服务，可能是观点，也可能是时间。如果你去上《非诚勿扰》，营销的可能是你的感情或者幸福，好像世界上没有什么东西是不可以营销的。

既然营销的对象变得这么丰富，营销的方式自然不可能还停留在最原始的阶段，而且，随着信息科技的发展，互联网的普及，网络和移动媒体已经又被开辟出一个营销大舞台，时时刻刻上演着精彩的营销大戏。

如果提到肯德基，你会觉得这是一个传统企业。可它与时俱进，在新媒体营销上也很有一套。虎嗅网曾在一篇文章中说，肯德基非常注重本土化策略，而且把"本土"的具体含义从"中国"变成了具体一个个 SNS（社会化网络服务，一般专指旨在帮助人们建立社会性网络的互联网应用服务）平台，并把公关、营销外包给成熟的广告与营销机构奥美，随之展开新营销。在 SNS 平台上，肯德基的品牌策略也结合了社交网站的特性，即轻展示、重营销活动；且由于有成熟的外包团队，肯德基擅长主动推动线上活动，和线上到线下的活动。

肯德基的本土化可圈可点。为了迎合中国人的口味，肯德基在产品的本土化上面下足了功夫。一是将洋快餐做出中国味，如墨西哥鸡肉卷、新奥尔良烤翅和葡式蛋挞等在口味上进行中式改造；二是推出符合中国消费者饮食习惯的中式快餐，如寒稻香蘑饭，芙蓉蔬菜汤、榨菜肉丝汤、皮蛋瘦肉粥、枸杞南瓜粥，等等；三是开发具有中国特色的新产品，如京味的老北京鸡肉卷，川味的川香辣子鸡，粤味的粤味咕唠肉等。而这种本土化营销的运用显然是成功的，截至 2012 年 4 月，肯德基在中国内地的连锁店数量为 3800 多家，而麦当劳只有 1600 多家，不足肯德基的一半。但在中国以外两者的开店数量麦当劳要占上风，所以有人说，麦当劳在中国这一大市场遭遇滑铁卢，原因之一便是一直以来以"麦老大"的姿态自居，本土化程度不够。

不仅如此，肯德基还意外宣布正式取消其20多年来的全国统一定价模式，实施差别定价策略，依据餐厅所在的中国的城市、商圈等实际情况进行差别定价，因此会出现同一款产品同城不同价的现象。

除了本土化营销，近年来比较火的还有"饥渴营销"，这是苹果公司惯用的营销手段，从第一代iPhone开始，苹果就开展饥饿营销，从苹果直营店门口排队的长长队伍不难看出，这种方式是成功的。这两年，国内的手机品牌也开始启用这一方式，炒得火热的要数小米手机。2011年8月16日，小米手机发布；9月5日，小米手机号称34个小时预订了30万部；12月18日，号称三个半小时公开发售了10万部。2012年1月4日，号称三个多小时零售了10万部……

目前国内智能手机市场的竞争是相当激烈的，在小米手机还没上市前，消费者已经可以从媒体上看到关于这款强大的高配置的智能手机的宣传，加上其所突出的超高性价比卖点，特别是其创始人雷军称"一下子把价格定在1999元的割喉价"，很多消费者对小米手机都十分期待。

而当小米手机的追捧者对小米手机热切关注的时候，小米公司开始了饥渴营销——缺货，抢不到，"米粉们"（指小米手机的粉丝）只能等待补货。实际上小米手机并非产能不足，而是故意拖延，以使得市场对之保持热度。

从目前的情况看，尽管坊间也有质疑声，但小米手机的饥渴营销无疑是成功的。当然，饥饿营销也并不是任何产品都适合，不同的产品应当选择不同的最适合自己的营销方式，且要不断推陈出新、标新立异。

回到文章开头的问题，世易时移，随着社会的发展，电话营销早就out（过时）了，做企业的人，也要学会与时俱进，在营销手法上不断创新，如此才能保证一直跟得上形势，赚得到钱。

如果电话营销真能成功，你不用给老板打工了，自己干。

16

给"沟通"一个定义

在中国有一个关于能干与能说的辩证关系：

能说又能干的是一等人；

只能干不能说的是二等人；

能说不能干的是三等人；

不能干也不能说的是末等人；

不能说也不能干的人，毫无用处，自然一文不值。

光说不做的人，看似不错，能说会道，在给领导作汇报时，绝妙的PPT、创意的短片、靓丽的穿戴……手段多多。这些似乎成了让别人了解自己的不可或缺的手法，甚至会给人一种错觉，干得好不如说得好。于是，不少人跟风而上，做了件小事就浓墨重彩，甚至做坏了也得好好"包装"。有的时候，这样做确实能够在一定程度上蒙蔽一些人。可是你总不可能永远这么幸福，你的下一位老板只喜欢实干家，你没有经过历练也没什么真才实学的老底马上就会暴露。到时候你会感觉自己简直就像职场上的小丑，耽误了本来可能有的大好前程。

看一些求职类节目，某些刚毕业的大学生，看上去满腹经纶，讲起来似乎头头是道，但是一被问及落实到具体活动的实施步骤，却支支吾吾说不出来或者错漏百出，但却自以为是。

职场上，占大多数的，恐怕要数能干不能说的人了吧。勤奋认真固然是大家公认的美德，但要想成功，只会傻干却远远不够。

毕业于北京一家名校的小刘一直坚信"能力决定一切"，在学校看成绩，到了工作单位就要看业绩。于是在办公室里，他成了名副其实的拼命三郎，每日埋头苦干。任务繁重的时候，团队中一些游手好闲者常叫苦不迭，而此时，小刘总是挺身而出，大包大揽地替别人干活儿，他认为："年轻人多干点儿没什么不好，又累不死，还能多锻炼自己呢。"渐渐的，他除了干自己的本职工作，还经常帮同事收拾许多烂摊子，有时甚至加班到天亮。别的同事都忙着伺机在领导面前展示自己，他却总趴在自己的办公桌前，疏于和领导沟通。一次，在给领导上报的材料中，他算错了一个重要数据，领导十分生气地说："每天就看你瞎忙，也不知道忙的是什么，自己的工作出这么大漏洞，你自己好好儿检讨一下吧！"小刘觉得很委屈，自己一直以来那么敬业，不被领导赏识不说，反倒挨了批。

同样的例子，美国一位高科技公司员工被裁掉后强烈不满，我比别人认真工作，不迟到不早退，为什么先裁掉我？对方回答说，就是因为你只做好我们交代的工作，开会时很少看到你发表意见，没有发挥领导力。将来我们一个人要当两三个人用，只能留下拥有更多能力的人。

怪不得一位心理学家说：一个人的成功，EQ（情绪智商）占80%；IQ（专业能力）只占20%。由此来看，勤劳肯干虽然没错，但要脱颖而出，也许还得"会说"。这并不是说鼓励大家变得油腔滑调，而是说要学会与领导沟通，适时适事表达自己的观点与见解，让领导觉得你是有血有肉有性格的一个大写的人，而不是一台工作机器。

2006年的时候，德国之声发表了一篇题为《美国人包揽诺贝尔奖"内幕"》的文章。文章称，看一眼诺贝尔奖历来得主名单，"所有非美国人都会号啕大哭"。从1901年至今，美国共获得了228次诺贝尔奖。排在第二位的英国只获得了75次，排在第三的德国只有65次。而英国和德国的诺贝尔奖大多数还是在1901年至1950年间获得的。

美国现成为科学领域的霸主和超级大国，这是不是因为它有着比其他国家更好的科学家呢？"不，绝对不是。"文章称，"美国靠的是什么呢？很清楚，它更善于宣传自己和自己的工作，美国人不把自己关在象牙塔里。他们不怕去参加谈话秀，生动诱人地使观众对他们的课题产生浓厚兴趣。而其他国家的科学家们则在研究所和实验室厚厚的大墙后面蒙着尘土。美国科学家乐意发表他们的作品，经常在媒体上露面，甚至出现在时尚杂志里。大众认识他们，而其他地方的科研人员往往是谦虚的，几乎是卑微的，有时甚至是极大地看扁了自己地退缩在角落里。"

由此，德国之声开始反思他们自己国家的"不足"，并给出建议：

德国也曾经有过这样的光芒闪耀的科学明星。他们是偶像，是榜样，每个人都认得他们，他们也理所当然地获得了诺贝尔奖：威廉·伦琴，保尔·艾尔利希，奥托·哈恩，还有那天下无双的阿尔贝尔特·爱因斯坦。爱因斯坦掌握的正是后来失传了的那门艺术：有能力告诉大众，科学和研究有着巨大的社会意义，紧张而又能丰富人类生活，同时又是特别有娱乐性的。否则又怎么能解释，全世界那时为什么会为一个数学方程式，为一个没有一个人懂的相对论神魂颠倒呢。

爱因斯坦当然是一个大例外。然而，我们现在的顶尖科学家们，我们有一大堆这样的人，他们也应该鼓起勇气来，走向大众。那样就会像在美国一样，有更多的钱涌来，涌入研究所，涌向青年科学家和实验室，涌向实用研究，也涌向基础研究，为他们开辟通往科学奥林匹斯圣殿的道路。

任何领域都是这个道理。只像老黄牛一样埋头耕地并不值得赞赏。有时也要抬头，看看天，看看周围。多与人沟通，让别人了解你、支持你。对一家企业来说，老板很难做到对每个员工都了如指掌，光是靠苦干蛮干很难被老板发现。所以，若有机会，要主动与老板沟通，把握合适的机会展示自己，以获得器重而得到更多的机会和空间。

不能说、不能干，一文不值；
能说不能干，值两千；
能干不能说，值四千；
能干又能说值一百万。

17

做事最多的人可能就是挨骂最多的人

生活中，很多人都怕做错事，做错意味着被骂，"多做多错，少做少错，不做不错"这个可怕的观念麻痹着很多人，人们都觉得"勤劳的出头鸟是要被机关枪瞄准的"，明哲保身才是硬道理。

有一天，两只闹钟在闲聊。甲钟抱怨道："我昼夜忙于走时，偶尔出错主人非骂即怨，甚者还动粗。而你多月休停，却悠哉安卧，无比舒坦，真是让人羡慕！"乙钟狡黠地说："啊哈，既然走时不准，还不如不走呢！吃力不讨好！"不日，主人在收拾房子时将乙钟弃于垃圾桶。

乙钟得意于自己的"明智"，下场只能是被主人丢弃。闹钟如此，人亦如此。做事越多的人可能挨骂越多；其实挨骂越多的人是领导最信任的人，是领导最放心的人，是领导眼里能力最强的人，是领导认为最负责任的人。很多企业管理人员乃至普通员工在面对"做得多、错得多、被否定得多"的时候，认为那是耻辱，很丢脸！他们并不能深层次地认识到"被否定是因为还在被关注，被批判是因为还有价值"。

人在职场，容易患上习惯性懒惰综合征，懒于做事，懒于思考，懒于学习，试问，这样的员工又如何能获得领导的赏识？

有一天，我的一位老挨批的员工，问公司里一位"名人"："为什么领导老说我'慢、慢、慢'，到底多快才是快呢？""快过领导说你，就是标准。"

领导对你提出合理的要求是锻炼你，提出不合理的要求是磨炼你。不要把工作当工作做，要把工作当事业做，你就不会有工作的烦恼，只有追求的乐趣。

丁远峙在《方与圆》一书中提到，美国一位名叫史奴利·布拉尼克的博士曾对 1500 名男女做了持续 20 年的跟踪研究，这项研究从他们 20 多岁开始，直到 40 多岁为止。这 1500 人当中，有 83 位成为了百万富翁。他们有一个共同点，那就是很早下定决心要专攻某件令他们痴迷的事。结果，努力工作 15 或 20 年后，他们猛然发现，自己的资产净值已经超过了百万。要知道这些人都是普通人，没什么特长和天分。

无独有偶，美国另一位作家、社会调查研究家托马斯·J. 坦利，他也是从 20 世纪 70 年代初就致力于富人状况的研究。在《邻家的百万富翁》中，他通过访谈一万名有钱人，全面揭示一代美国人的致富秘密，展示了百万富翁的现实生活图景。他总结的普通美国人成为富翁的几项品质依次为良好的信用、自我约束、善于交际、勤勉、有贤内助支持。

综合上述两项研究，专注甚至陶醉于一个领域，深耕并保持良好的信誉，你就一定能够干出一番事业。

有一个年轻人，取得博士学位后，自愿进入一家制造燃油机的企业担任质检员，刚开始薪水比普通工人还低。工作半个月后，他发现该公司生产成本高、产品质量差，于是不遗余力地说服公司老板推行改革。身边的同事对他说："老板给你的薪水也不高啊，你为什么要这么卖命啊？"他笑道："我这样是为我自己工作，这是我的责任。"一年后，这个年轻人晋升为副总经理，薪水翻了几倍。

为事业而工作，才不会成为工作的奴隶。让工作成为一种兴趣，成为一种生命内在的需要，成为展示智慧和才华的舞台，这样才能体会到人生的幸福和成长的快乐。当你把工作看作是一种快乐时，生活变得美好；当你把工作看成一种任务时，生活变成了奴役。

年轻人做事，不要局限于把工作完成就可以。即使最简单的工作，也要勤于思考如何能更高效更出色地完成任务。种瓜得瓜，种豆得豆。你付出什么，就收获什么。如果你只是安安分分，做完领导交代的事情就万事大吉。又因害怕做错挨批评而不愿多做事，不愿多付出，那也就别埋怨公司给你的薪水也只是一直安安分分。

所谓"量变引起质变"，多做事的习惯就是一个积累的过程，也是一个量变的过程，只有当量变积累到一定程度，才有可能发生质的飞跃。

18

"老人"应该为新人让位

每年春晚过后，总免不了大家的一番评论。不少人戏谑称，最近一些年，春晚越搞越像"老年晚会"。有网友称黄宏、蔡明、冯巩、郭达已成了"春晚钉子户"，"独霸"春晚舞台多年，让人审美疲劳。

上了 22 年春晚的本山大叔首度缺席 2012 龙年春晚。媒体提及，观众连年的期待对于本山而言，既是一种荣誉，也是一种压力。他每年都为上春晚而痛苦。对一个演员来说，最痛苦的事莫过于重复自己，事实上，本山春晚从"卖拐"系列到"白云黑土"系列，就已经进入瓶颈，一年又一年的原地踏步让他苦不堪言。何况他年纪也大了，身体也经受不住考验，参加彩排还要不停地吸氧，这不是开玩笑吗？央视也到了该多给新人机会的时候了，不然可真应了网友的那句话："把老人累死，把新人憋死。"

前几天在一文学网上看到一名名为徐上峰的作家也在呼吁文学界应给新人更多机会。他提到现如今很多比较有影响力的诗歌刊物都是几个老面孔占据大量的版面，新人根本进不去。老人当道，新人无用武之地，打击了新人的积极性，也破坏了诗歌界的"生态平衡"。很多入门汉的确能写出不少感人肺腑的作品，"但当今却不是凭实力写诗，而是有一种凭名气和关系写诗的风气。新人们只好转移到网络，因此，这几年网络诗歌很火，但传统诗歌刊物却渐渐沉沦"。

撇开机制的大话题不说，有时是人性的劣根性在作祟。"老人"们青春已逝、年华不再，看着大批的新人涌进，感觉自己就要"失宠"，心里难免有不甘。但他们往往对自己这种微妙心理浑然不觉。然而在这种不平衡的心态下，他们会不自觉地挤兑青年"嘴上无毛，办事不牢"，看不惯他们的年少轻狂、"眼高手低"。其实他们已忘记了自己的那段青涩岁月，谁人不曾年轻过。俗话说，长江后浪推前浪。新事物终究是要超越旧事物的。我们必须要勇于接受新事物。

职场上的新老人较量与此类似。其实"老人"与新人都是企业的核心力量，作用都不可小估，企业需要元老们的老成持重与宝贵经验，更需要年轻人的虎虎生气与敢拼敢打的精神。老经验是笔财富，创新更难得可贵。

这里谈谈百度的"授权式创新，让位给新人"，鼓励创新，鼓励新人提出新思想的例子。

"当 CEO 的创新思维不足时，最好的方法是激活员工的创新思维，把组织变成一个创新型组织。" 麻省理工学院的管理学实践教授萨思洛这样认为。

百度的技术人员全部是结果导向式管理，技术人员必须在规定的时间完成规定的任务。在这个过程中，遇到任何问题或者有什么新的设想需要探讨，均可以与他认为需要交流的同事、部门领导甚至公司总裁进行讨论和交流。

这是形成一种自下而上创新机制的关键。比如"百度文库"给百度贡献了不小的点击率。而其最早在上线时，仅是"百度知道"下面试运行的一个小栏目。并没有得到李彦宏的授权，而是由一个普通的经理带领几个人的团队自己做的。然而这一模块成长迅速，到了 2009 年被分拆出来变成百度文库。而直到文库的流量达到了 2000 万以上，才引起李彦宏的注意。

在百度，只要任何一个员工有想法，不管是老员工还是新人，都可以申请自建或与他人共建自己的创新小组，类似百度文库这样的创新团队随处可见。

从 2009 年到 2011 年，百度文库的发展速度非常快。当然随之而来的是更多的问题，盛大文学以及韩寒等知名作家多次炮轰百度文库，认为其提供的免费读本严重侵害了作家利益。此后，百度决定删除盗版。

新人老人本不该是对立面。社会在发展，企业在运转，总需要新鲜血液的注入。"老人"们面对被重视、被提拔，以及薪水超过自己的新人，亦不必心生忌妒。这是一个能力导向的时代，没有任何一个老板会愚蠢到花2元钱去请一位最多给他创造1元钱价值的员工。

2011年6月，美国薪酬调查公司PayScale发布的调查报告显示，彼时的科技公司中，谷歌员工的平均薪酬比其他公司从事同类工作的员工高出23%，比其他大型科技公司从事同类工作的员工高出10%以上；IBM的员工跳槽率最低，平均留任时间为8年，比其他科技公司员工平均留任时间大约长6年的时间。此外，IBM的员工年龄在这些科技公司也是最高的，平均年龄达到44岁。而Facebook员工相对比较年轻，平均年龄仅26岁，其他公司员工的平均年龄则为36岁。此外，Facebook员工对工作的满意度最高。

有人可能说传统企业无法和这些IT或互联网企业相比，全部用"80后"和"90后"。但是，一定不要以此为理由，对不断吸引年轻一代充实自己的团队有所怠慢。年轻人正处在思维活跃期，更富有创新精神和创造力。

企业高管要多与新人们聊天，这样可以防止自己变老。管理学界普遍认为中国CEO的创新能力不足。萨思洛认为，这也和沟通有十分密切的关系，当领导者的创新力不足的时候，就应该从周围的人中间汲取灵感和创新力，"这并不是简单的一次沟通或者一次对话，而是需要CEO用耳朵、用眼睛、用心去聆听对方的想法"。

当新势力上升时，
老势力就会产生忌妒；
这里包括个人的竞争
和一个企业的竞争。
如果你感觉对他人有忌恨心时，
证明你可能在被别人
超越或开始老了。
你要做的事情是
去除忌妒心，
把自己重新摆到
学习的位子。
否则，你一定会
被新生力量打败，
因为世界永远是
在进化当中的；
要么进步，
要么被淘汰。

19

要懂变通，但千万别耍小聪明

英国的《每日镜报》曾报道过这样一则新闻：一位92岁老太去买酒，店员不卖给她，因为她身上没有证据证明她不满18岁。

报道称，家在英国东南部埃塞克斯郡的老太太黛安·泰勒外出为儿子买酒，却被要求出示身份证明，以证实已年满18岁。老太太听后一愣，打趣说："如果我认为店员是夸我显得年轻，会不会有点傻？"但店员坚持要求她出示证件。老人摸出公交卡、献血卡等随身物品，却被告知这些不能证明年龄。

事后泰勒告诉媒体，商店的这种做法要是针对年轻人，她很赞成。但如此死板的办事方式实在荒唐。

按规矩办事这本没有错，但并不是叫你任何时刻都死记硬背信条，刻板死守。

讲一则我看过的关于孔子献策的故事。春秋时期，鲁国鲁哀公当政时发生了一件事情。一天鲁国人焚烧大泽之中堆积的柴草。当时正刮着北风，大火迅速向南蔓延，情势危急。鲁哀公担心大火会烧到国都，很是惊恐，就想亲自带人去救火。但是，鲁哀公手下的人全都跑去驱赶野兽了，因为不想让野兽被火烧死。情急之下，鲁哀公召来孔子询问对策。

孔子说："驱赶野兽是件快乐的事，而且不会因此而受到惩罚；救火是件苦差事，却难以因此而受到赏赐，这就是没人自愿去救火的原因。"

鲁哀公说："说得好，现在该怎么办呢？"

孔子说："现在事情紧急，来不及用赏赐的方法；况且，假如去救火的人都获得赏赐，那恐怕掏空国家的金库也不足以支付赏金。因此，只能采取惩罚的方式，而不是去进行奖赏。"

鲁哀公于是下令："不去救火的人，按照逃兵治罪；只去驱赶野兽的人，按照私入禁地治罪。"这样一来，下达的命令还没有传达到每一个人耳中，火已经被扑灭了。

古人推崇赏罚分明，这是他们制定规章制度要遵守的基本准则，但如果不管任何具体情况都墨守成规，生搬硬套，不根据实际情况适度变通，必然会酿成大祸。孔夫子精于变通的睿智值得大家学习。

改革开放以后，中国面临着从计划经济向市场经济的转型，这一时期中国改革的一个重要特点就是：摸着石头过河，边改革边摸索，很多制度安排都具有一定的变通性。这种变通性的制度安排，对企业家才能配置会产生双重影响：一方面，它使得企业家能够从事生产性创新活动；另一方面，如果对变通性的制度安排产生路径依赖，又会严重束缚企业家的创造性。

70% 要做正，30% 可以变通——企业家冯仑有一次这样谈及自己的变通："创业之初，我们就讲守正出奇，所谓守正就是要遵守各项法律政策，70% 要做正，30% 可以变通。所有企业在成长中都面临很多灰色的东西，我只能这样说，万通在这些企业里面是做得最少的，而且是能不做就不做，所以，我们一直没有出事。"

跟不知变通的人之傻劲相比，爱耍小聪明的人比较可怜、可笑。讲两则聪明反被聪明误的寓言。

故事一我曾在前面讲过。某人问上帝说："上帝啊！ 100 年对您来说，算是怎样的呢？"

上帝回答："100 年就像 1 分钟一样！"

"那么，100 万美元呢？"

"跟 1 个铜板差不多！"

某人说："好极了，上帝，给我 1 个铜板，怎么样？"

上帝说："我非常愿意，不过，你得稍等我 1 分钟。"

故事二。一个傻子、一个正常人和一个聪明人，爬上一座高山，见到传说中的神。神决定帮他们实现一个愿望。

傻子不敢相信这是真的。他试探着说:"天太冷,我想要一件羊皮袄。"神挥一下手,傻子的身上就多了一件羊皮袄。傻子开心地笑了,不过很快他开始后悔:为什么不向神多要一件呢?

正常人想了很久,对神说:"我想要100万美元。"神挥了挥手,他的手里就多出一张存单,那上面果真有100万美元。

轮到聪明人了。神问:"难道你不想实现一个愿望吗?"聪明人说:"我当然想,不过我得多考虑些日子,我可不想白白浪费这么好的机会。"神说:"那好吧,给你一年的思考时间,到时你还来这个山顶找我。"

聪明人开始了漫长的思考。他想,如果跟神要钱,若是自己没有一个好的身体,钱再多也没有用。可是如果跟神要健康,哪怕再健康,终归也会老。要不跟神要一瓶长生不老药?可是,那就不能跟神要花不完的钱了。一个愿望,似乎少了点。

"要不跟神说:我的愿望是再给我100个愿望?这无疑有些要小聪明了,这样会不会激怒神?"聪明人自言自语,"就算不会将神激怒,就算神真的为自己实现了100个愿望:比如金钱、美女、豪宅、香车、健康、长生不老……可是,还有其他愿望呢,比如快乐。显然100个愿望太少啦!"聪明人一条一条地列举,直到为自己找出了2000个愿望,仍然觉得还不够。

"要不跟神说,我的愿望是心想事成?似乎太抽象了。"聪明人痛苦地想啊想啊,不知不觉想了一年。一年里他什么也没有干,只想着他那唯一的愿望。可他不能再想下去了,因为神规定的期限马上就要到了。

聪明人匆忙上路,艰难地向上攀爬。直到见到了神,他才狠狠心下了决定,他要跟神说:"我的愿望是——再给我10000个愿望。"他认为这是对神最好的要求。

山上很冷,可是他却汗流满面。随即他被冻感冒了。神在一旁耐心地等待他说出自己的愿望。他打了一个喷嚏，说："我的愿望是，再给我 10000 个……"他忍不住了又打了一个喷嚏。

神笑了，说："你的愿望很独特，我就喜欢你这种没有贪欲的人。"

于是，聪明人站在山顶上，一连打了 10000 个喷嚏。

故事中的凡人和聪明人都以为自己很聪明，以为要要小聪明就能得到更多，结果，一个要等一百年才能拿到一百万美金，另一个却实现了打 10000 个喷嚏的"愿望"。

我们说变通是用智慧来增强原则的柔韧性。但变通不是肆无忌惮地随心所欲，更不是要要小聪明。生活中我们不难发现，成功者未必是最聪明的人，有些甚至连聪明都算不上；而很多聪明人也并不成功，倒是经常"聪明反被聪明误"。

一个人如果把他的聪明用在合适的地方，用来捍卫自己的原则，他的聪明不但对自己的成功是够用的，这种聪明还可能被提升到智慧的层面，而智慧里面不但包含着智商，还包含着美德；一个人如果把他的聪明用在不合适的地方，用来背叛自己的原则，这种聪明往往会表现为"小聪明"，或者是所谓"聪明而不高明"，结果是越忙越乱，越乱越忙，庸人自扰，一事无成。

为什么你能骗到人，
是因为他（她）相信你；
为什么你骗成功了还不快乐，
因为相信你的人都不相信你了。

20

赚钱文化与省钱文化

成功的经营是，关注赚钱而不是关注省钱。太注重省钱，就等于在暗示团队没有钱赚，最终就会真的没得赚。

企业管理的一个重要部分就是成本管理。企业追求利润，成本的支出自然是越少越好，现在很多企业在成本管理这一块都一个劲儿地要降低成本，要省钱，这当然是无可厚非的。但是一味地省钱是不是就能让企业赚到更多的钱呢？我想未必，成本管理应该讲求"合理"二字，也就是说该省的钱要省，该花的钱还是要花。

日本企业的成本管控很有一套，他们认为浪费才是产生多余成本的主要原因，因此将控制成本的重点放在杜绝浪费、合理生产，而不是一味地降成本上。丰田公司倡导的生产方式就是"以彻底杜绝浪费的思想为基础，追求制造汽车的合理性而产生的生产方式"，从生产者到供应商以及物流配送、零售商，大家都来合理地调整自己，按照下游对产品的需求时间、数量、结构，以及其他的要求组织好均衡生产、供应和流通。

丰田公司所要杜绝的浪费，包括两个方面：第一，一切不为顾客创造价值的活动，都是浪费，那些不增加价值的活动都要消除；第二，即使是创造价值的活动，所消耗的资源如果超过了"绝对最少"的界限，也是浪费。

很多国内企业也在控制成本、降低成本，但是为什么没有因此给企业带来好的收益？这是因为很多人对降低成本的概念产生了误解，他们的做法通常是选择劣质材料，偷工减料，这种做法看上去是在降低成本，但实际上是在损害消费者的利益和企业的声誉，自然没有好的结果。

控制成本除了要省该省的钱，还要懂得花该花的钱。2012 年 4 月，在中美知识产权圆桌会议上，华为副总裁邓涛透露，华为每年支付 3 亿美元的专利费，且每年按 10% 的销售收入拨付研发经费，近 10 年累计投入研发费用高达 150 多亿美元。这正是华为成为全球通信设备领域老大的秘诀之一。

做大事的人不应该把精力过多地放在如何省钱的问题上，而应该考虑如何创造新的收入来源和机会。研发新产品是企业不断开拓市场的重要举措，在这方面的投资如果太省钱，只能事倍功半。

同样，员工的知识、能力和素质对企业发展的影响是非常直接且长远的。没有一支优秀的团队是不可能运营好一家企业的，更别提什么"从优秀到卓越"了。这就好比一台机器如果没有好的零件是很难长期运转下去的。

美国《财富》杂志曾经把 GE 评为全球最受尊敬的公司，同时在评语里写道：GE 的可持续发展，很大程度上要归功于人才战略，归功于有着"美国企业界哈佛"之称的 GE 韦尔奇领导力发展中心。正是它，为 GE 提供了强有力的智力支持，并且源源不断地输出了人才。

中国企业这些年也不甘落后，纷纷建立企业大学或商学院。我们创建的"楷模管理学院"开了家具行业的先河。我很认同 Hay（合益）集团大中华区副总裁盛雁的说法，"企业大学的开展由一系列目标明确但分布很广的学习活动组成，要想充分发挥这些学习活动的价值，就得把企业大学当成一门生意来做，确保所有的人员、时间、金钱等成本投入，都是以持续提升组织的核心竞争能力为最终产出"。

一个企业要想长远地发展就应该把眼光放得更远一些，有时候一些看似"多余"的支出往往能带来更大的效益。海底捞的服务是做得非常出名的，其中有一项特殊的服务就是企业对员工的授权。在海底捞，即便是一线员工，仍然被授予了其他地方大堂经理才有的权力，比如为顾客免单、送菜、打折和赠送小礼品。黄海鹰在《海底捞你学不会》一书中介绍，董事长张勇在公司的签字权是 100 万元以上；100万元以下是由副总、财务总监和大区经理负责；大宗采购部长、工程部长和小区经理有30万元的签字权；店长有3万元的签字权。

所以，去海底捞的顾客常常能收到服务员送来的惊喜。这些措施听起来很夸张、很浪费，看上去都是没有必要的支出，有的顾客确实故意找茬儿，让服务员免单，但一次下来你会觉得很不好意思，你会为海底捞的服务和企业文化而折服。久而久之，这种美誉度和口碑慢慢建立起来了，口碑传播是最有力的一个营销渠道。海底捞的优质服务吸引了一批又一批的顾客，最后赚到了大钱，你还能说他们的那些"多余"的支出是一种浪费吗？

所谓舍得舍得，有舍才能有得。所以我说张勇对赚钱文化与省钱文化的辩证关系上认识得非常透彻。拿我自己所在的家具行业来说，这是一个非常讲究精细和精致服务的行业。在楷模，我们非常注重对员工在服务方面的培训，一切以客户为中心，保持与客户的沟通，及时关注客户的需求，力求做到精益求精。门店会提供点心，如果顾客到店面参观的时候是饭点，店员会帮你叫外卖，大家边吃边聊天，这会让顾客觉得很亲近。甚至店员对顾客进门喝什么水，第二杯要改喝什么水，都是很有讲究的。喝完两杯水后上水果，让客户觉得整个体验过程很舒服、很别致。

其实这些都是成本，我们可做可不做，但是，我们不愿意省下这笔钱，甚至愿意花更多的钱来提供增值服务。因为花出去的这些钱，创造的是用户体验，在无形之中带给顾客好感和信任度，这样一来便提高了签单的几率。

稻田里的稻子多了，
鸟吃几颗算什么。

21

珍惜你的信誉财产

2012 年 5 月，墨西哥前总统文森特·福克斯来到重庆。多数中国人并不太了解这位传奇人物。福克斯是爱尔兰人与西班牙人的后代，出生在墨西哥城，成长于其父在瓜纳华托州的庄园里，从伊比利亚美洲大学毕业后，又到哈佛取得企业管理硕士学位，毕业后进入可口可乐的墨西哥分公司，用 15 年时间从普通销售员跃升为可口可乐中美洲区总裁，1979 年自己组建福克斯集团，1982 年进入政界，1995 年成为瓜纳华托州州长，2000 年当选墨西哥总统，2006 年卸任。

福克斯以诚实守信的品德得到民众的爱戴和支持。这一品质正是他从小从父亲身上学到的。有一天，父亲觉得园子里的一个亭子太过破旧，便决定找人将之拆除。福克斯看见后说："爸爸，我想看看你们是怎么拆亭子的，可以等我从学校回来后再拆吗？"父亲答应了他。

可是，福克斯走后不久，亭子就被拆掉了。福克斯很不高兴地对他的父亲说："你撒谎了，你说过要等我回来再拆掉亭子的。"

福克斯的父亲一时很难堪，很是抱歉地说："孩子，爸爸错了，我应该兑现自己的诺言。"第二天，他跟福克斯说，孩子，你跟妈妈去外面旅游一趟，散散心吧。母子两个旅行回来，结果发现亭子又重新建起来了。这时，父亲对工人们说，"我儿子回来了，请你们开始拆除亭子吧。"

福克斯担任总统后，有一次到大学演讲，有人问他有没有撒过谎，他讲了这个故事，并说："我愿意像父亲对我一样对待这个国家，对待这个国家的每一个人。"

福克斯的父亲用实际行动体现了自己的诚实守信，也深深地影响了儿子。

诚信,是做人最基本的道德品质,也是一笔宝贵的财富,做人、做企业,都要懂得积累信誉财富,更要珍惜信誉财富。

已故的台湾"塑胶大王"王永庆就是以诚信的商业信誉立业的。早期的台塑公司为了扩建厂房,需要大笔资金办理现金增资,并承诺增资股将可以每股250元(新台币,下同)的价格抛出。股民们认为有利可图,纷纷购进。

不料后来遇上了石油危机,台塑股价大跌。1974年,股价跌到每股241元。股东们认为自己吃了亏。在股东大会上,他们希望台塑能够补足承诺价和市价之间的差额。这一举措令外界很诧异:投资股票本来就有风险,怎么可以向企业提出这种过分请求呢?

但是王永庆却不这么想,他向股民们承诺,如果6月30日的收盘价格超不过244元,台塑将以这一天的收盘价作为标准,补足差价。结果,6月30日的收盘价每股仅207元。王永庆兑现诺言,每股退给股东43元,台塑因此一共损失了4000多万元,王永庆这一举动在台湾证券市场上"前无古人",以后应该也不会再有"来者"。

很多人就笑王永庆太傻,虽然给出承诺,但口头之言是没有法律效力的,就是不赔偿也不犯法。但是王永庆认为,"做生意,不能光盯着钱看,应该把眼光放远点。台塑损失了4000万,但换来了无法用金钱买到的信誉。这本身就是一笔无形的巨额投资"。

王永庆信守承诺的美名,不仅在台湾各界得到赞赏,在海外一样声名远扬。一位外国银行的高级主管说:"王永庆的英文签名,就是信誉的保证,可以提供无限期的长期贷款。"

在经济的发展中,企业的诚信并不是挂在嘴边说说而已的场面话,而是代表着实实在在的财富,也是企业一种强有力的竞争力。特别是在中国各种商业魑魅魍魉盛行的现在,恒久的诚信似乎显得难能可贵。一家坚持诚实守信的企业绝对是一家值得尊敬并且能得到投资者和消费者支持的企业。

没有人会永远不犯错。企业在发展的过程中，肯定会遇到各种各样的问题，当这些问题涉及大众利益时，应当透明、真诚、守信而非推卸责任。

2001年潘石屹的现代城发生了"氨气事件"，即房子室内出现了氨气，当时现代城的做法是首先查明原因，向所有的客户写公开信说明原因并进行道歉，然后在全世界范围内寻找消除氨气的设备和技术，同时告知如果有客户愿意退房，加10%的回报无理由退房。这种姿态和做法获得了大部分客户的谅解，企业的形象也没有因为此次事件受到太多损失。

海尔集团董事局主席兼首席执行官张瑞敏当年因砸冰箱事件而备受瞩目。1985年（海尔集团前身青岛电冰箱总厂创立的第二年），青岛电冰箱总厂生产出来的瑞雪牌冰箱在一次质量检验时，发现有76台不合格，当时库存并不多，而且根据当时的销售行情，这些冰箱只要稍加维修就可以出售。但是，厂长张瑞敏立即决定在全厂职工面前，把76台不合格冰箱全部砸毁。当时一台冰箱800多元，而职工们每月平均工资只有40元，很多职工就建议，把冰箱便宜一点处理给工人。

张瑞敏对员工说，"如果便宜一点处理给你们，就等于告诉大家可以生产这种带缺陷的冰箱。今天是76台，明天可能是760台、7600台……因此，必须解决这个问题。"

张瑞敏把不合格的冰箱砸毁，既是在警示员工们要遵循质量标准，做好把关，更是在告诉员工们，如果要做一个优秀的企业，就不应该生产出不合格产品还将它们出售，无论是对消费者还是员工，都是一种欺骗的行为，是不诚信的，因此，张瑞敏砸的不仅仅是冰箱，也是这种不诚信的因子。

直到今天，"张瑞敏砸冰箱"还常被企业界及管理学界提及，甚至被模仿。2011年11月，西门子（北京）总部上演了颇具戏剧性的一幕。网络名人罗永浩挥起大锤，砸烂了自己家以及音乐人左小祖咒、作家冯唐的共3台冰箱，借此督促西门子公司尽快承认冰箱门的质量问题并提出解决方案。当然这一事件的背景，比张瑞敏当年的情形要复杂一些。

华人首富李嘉诚说:"信誉是不可以金钱来估量的,是生存和发展的法宝。"他经常对下属说,随着时间的推移和个人的努力,你会发现多赚点钱并不是件困难的事,但要维持好的声誉,却没那么容易,但却至关重要。李嘉诚也常教诲两个儿子:"为人要声誉卓著,工作勤奋,善意待人,信守信誉,这将使你在生意上诸事顺利。"

22

过早成功并不是一件好事

小学课本上"伤仲永"的故事想必大家耳熟能详:一位名叫仲永的神童,5岁便可指物做诗,天生才华出众,受到同乡人的赞赏。他父亲看到有利可图,就每天拉着他四处去乡里拜访,不再让他继续学习,慢慢地,他写出来的诗已经不能与从前相比,到最后,所谓的天赋甚至消失,仲永成为一个庸人,没有人再谈论他。

仲永本有异于同龄人的才能,但由于成功来得太早,并且得到乡人的刮目相看,甚至有人花钱求仲永题诗,仲永一下子成为名人,被父亲当作赚钱工具。仲永也以为自己飞上枝头变凤凰,从此不思进取,自然会过早进入衰退期。

现在很多优秀的大学生走入社会后容易进入一个怪圈——变得不那么优秀了。其中有一个很重要的原因就是,他们不再学习了。其实,3年不学习,回到10年前。而很多学历不高的人,学生时代并不优秀,后来却非常的成功,是因为他们渴望知识,不断地在学习。

说白了,学习比学历更重要。

有这么一个段子：有一个博士加盟一家研究所，成为学历最高之人。有一天他到单位后面的小池塘去钓鱼，正好正副所长也在。他只是微微点了点头心想：他们虽说都是官，但只有本科学历，跟他们有啥好聊的呢？

不一会儿，正所长放下钓竿，伸伸懒腰，突然间噌噌噌从水面上飞一般跳到了对面的厕所门口。博士大惊失色：水上漂？不会吧？正在发呆，所长又噌噌噌地从水上漂回来了。过了一阵，副所长也站起来，走几步，噌噌噌地漂过水面上厕所。这下子博士差点昏倒：不会吧，这难道是一个江湖高手云集的地方？

没过多久，轮到博士内急了。池塘两边有围墙，要到对面厕所非得绕十分钟的路，而回单位上又太远，怎么办？博士生也不愿意去问两位所长，憋了半天后，也起身往水里跨：我就不信你们有特异功能，你们本科生能过的水面，我博士生也一定能过。只听咚的一声，博士先生掉到了水中。两位所长将他拉了出来，问他下水干什么。他郁闷地问："为什么你们可以走过去呢？"两所长相视一笑："这池塘里有两排木桩子，由于这两天下雨涨水正好没在水面下。我们都知道这木桩的位置，所以可以踩着桩子过去。你怎么不问一声呢？"

学历代表过去，只有学习力才能代表将来。尊重经验的人，才能少走弯路。即使你学历再高，也总会遇到你想不明白、看不懂的。时代在进步，对人的要求也越来越高，如果只是满足于现有知识不再学习，总有一天也会江郎才尽。

终身学习这方面，鲁迅先生是榜样，他临死前一个小时还在写文章！还有李嘉诚，他每天晚上看书学习，这个好习惯已坚持了几十年。对此，李嘉诚还很谦虚地说："求知是最重要的环节，不管工作多忙，我都坚持学习。白天工作再累，临睡前，我都要翻阅经济类杂志，我从中汲取了大量的知识和信息，我的判断力由此而来。"说起年轻时奋斗之艰辛，李嘉诚说："别人是自学，我是'抢学'，抢时间学习。一本旧《辞海》，一本老版教科书，自修。"

我还听说，在佛教里，盘达特是鸠摩罗什小乘佛教的老师，但是后来他又拜鸠摩罗什为大乘佛教的老师。大乘小乘互为师，成为中国佛教的美谈。

再回到"成功不宜太早"这个话题上来。企业家蒋锡培也曾在微博中写道："从古至今，因过早成功而早早黯然落幕从此一蹶不振的不乏少数。我总觉得，当一个年轻创业者经历一次切肤之痛的失败之后，其做事业的心智、事业观跟失败之前相比会有质的飞跃。我曾经受过失败的煎熬，但它却让我之后的看人、看事、看物都有了别样的视野，让我真正地成熟起来。"

"过早成功"的话题容易让人想起大学里的"少年班"。30 多年前，中国科技大学设立少年班，将"神童"们集中到同一个班级进行培养，这不仅是中国教育史上的创举，在世界教育舞台上也是独树一帜。2008 年 3 月，中国科技大学向外界公布了少年班毕业生的跟踪调查结果。

结果显示，少年班毕业生主要流向三个领域：国内一流大学、科研机构；国际学术前沿；国内外工商、金融、IT 领域。但是在少年得志成材的好消息背后，还有一些令人慨叹的故事。"神童"宁铂 1978 年进入大学时不满 14 岁，是首批少年大学生中名气最大者，可他入校后很不愉快，一年后对班主任说："科大的系没有我喜欢的。" 当时他被安排攻读理论物理。据媒体报道，从 1978 年入校到 2004 年元旦后离开科大，25 年里宁铂做过许多次"离开"的挣扎，无一成功。1998 年，宁铂结婚生子，由于婚姻生活不和谐，他醉心于佛学。2002 年，他前往五台山出家，很快被学校领回去；2004 年，他"成功"遁入空门。

遁入空门也是一种归宿。但像另两位少年大学生谢彦波和干政，一个心理出了问题，一个几乎与世隔绝，问题就严重了。谢彦波年龄小，自理能力差，但自视甚高，他从美国普林斯顿大学硕士毕业后到中科大做了教师，随后结婚，但并不富裕，分到了一套小房子，但"楼下总是有人打牌"，持续的焦虑让他患上了严重的心理疾病；干政与谢彦波轨迹相似，在美国读完硕士后回国，但他不愿意继续攻读博士，也不愿意回母校任教，而是赋闲在家。几年后他觉得无聊，想到中科大工作却遭到拒绝。再到后来干政找工作不顺利，精神紧张，最后把自己关在了与母亲共同居住的家里的一间小黑屋里，长期与外界没有任何来往。

少年班是"天才之路"，还是"揠苗助长"？我看到《人民日报》后来的一篇报道，时任中科大学生处副处长孔燕说："社会给少年班贴上了'标签'，承载着公众太多的希冀。加上早年对'神童'的高频率宣传，对一些少年班毕业生造成了过多的心理压力，以至于对他们后来的人生道路产生了消极影响。"

学习比学历重要，行动比决心重要，方向比速度重要，动力比能力重要，专注比专业重要，坚持比坚硬重要。我希望每位有志者都能成功，但更希望他们方向对头、心态健康。

23

底线比基业长青更重要

在企业管理中，我更注重人员效率的增长，而非人员数量上的增长；更注重客户价值的增长，而非客户数量的增长；更注重产品效能的增长，而非产品数量的增长；更注重企业的责任，并减少功利心，因为这样才有可能基业长青。

"创建一家恒久的伟大公司，一个真正值得长青的基业，乃是崇高的使命"。美国管理学大师柯林斯和波拉斯写过一本超级畅销书，名字即为《基业长青》。这本书盘踞亚马逊畅销书排行榜十几年，长销不衰。他们在书中提出了基业长青的几大要素——胆大包天的目标、教派般的文化、自家长成的经理人、利润之上的追求等，而主要实现手段则是：造钟，不是报时；保存核心，刺激进步；择强汰弱的进化等。

这些要素我在前面已经逐一进行了阐述。现在我要谈的是关于底线的话题。在我看来，中国企业搞基业长青，大都很稚嫩。为什么呢？因为我们尚不能保证自己的产品是健康的、安全的、无瑕疵的，谈企业文化和社会责任简直就是海

提前打破的蛋，不是坏蛋，就是荷包蛋。

市蜃楼。说到底，先不说顾客是上帝，能否真正把你的顾客当人看，对许多中国企业来说都是考验。而这可是底线之底线啊！

看看蒙牛、伊利等乳业企业吧，安全事故频发，却热衷窝里斗且乐此不疲。整个国产乳制品的信誉几乎崩塌。就在我写这篇文章的时候，南山奶粉"致癌门"事件发生，产品随即被召回，企业被整顿。他们自食其果，可悲的是许多消费者付出了健康甚至生命的代价。这是多么没有底线的一个行当啊，好比一个人连底裤都不要了，最起码的羞耻心也没了。

"中国好像每隔半年就会出现一次食品安全事件，我们都不知道下一个添加剂是什么了。"连新希望集团董事长刘永好都这样感慨。2011年中国企业领袖年会上，他发言的主题就是基业长青，而核心的一点就是宁慢勿快、守住底线、不做烈士。

刘永好说，他在全国政协做了20年政协委员，也经常参加企业家群体的会，近年来，他在这些会中发现了一个现象：熟悉的面孔越来越少，生疏的面孔越来越多，甚至几年前碰到的一些企业家，现在就看不到了。中国改革开放30多年，在激烈竞争的市场上，很多企业成功，更多的失败了，不少企业成了"烈士"，做满30年，现在还健在的企业，确实不多。

想到这些，刘永好说，他心里面很忐忑：什么时候我会变成"烈士"呢？

现在，他们公司的内部有一个共识：争取做"准烈士"，不要做"真烈士"。时时刻刻都要想着，我们有可能被超越，也有可能失败甚至倒掉，我们要尽全力把"准"的过程拉长，乃至"基业长青"。用这样的危机心态做事，反而可以把事做好。

一个企业想守住底线，就必须懂得发展良性的产业链关系，互相鞭策、互相激励。新希望以前的目标成为行业领袖，但在那次演讲中，刘永好第一次说"不再称王"，而是做与客户、农民平起平坐的组织者，通过组织转型和价值共享，夯实企业根基。"这就是我们在面对伟大变革时代给出的答案。"

当我每每看到一些企业高唱履行社会责任，甚至还声称要"基业长青"时，我都感叹世界上还真有人不知道"恬不知耻"四个字是怎么写的。

《南方周末》2011年"中国梦"致敬礼上白岩松说的一段话值得玩味。"是梦想重要还是底线重要？"易中天问白岩松。

"转型时期的中国，很多时候底线被变成了上线。"白岩松说，"我觉得首要任务是制止底线不断下滑；第二步是夯实底线；第三步，慢慢抬高底线；然后是第四步，站在不断提高的底线上，靠近梦想。"

这句话何尝不适用于中国企业界：是基业长青重要还是底线重要？没有底线或底线不断下滑的企业，即使存活了30年、50年甚至100年，也是无源之水、害群之马。

长江后浪推前浪，前浪死在沙滩上，要想不成为前浪，就必须将目光放大放长远，换句话说，就是要将边界放大。一个水塘和一片大海，在水塘中，几个浪就到边了，但是在大海中，却可以任你遨游。

第四章

祛除自己的浮躁

1

我们的幸福感为什么下降了

最近一些年来，"幸福"这个词开始在中国越来越流行，不过，并不是大家都在说自己"很幸福"，相反，有些在抱怨自己的"不幸福"，"幸福感"、"幸福指数"下降。

大家可能也觉得很奇怪，中国改革开放 30 多年了，经济腾飞，物质越来越丰富，吃的、穿的、用的，都比以前好很多，为什么反而不幸福了呢?

荷兰伊拉斯谟大学曾对中国国民的幸福感进行了 3 次调查，其中，1990 年国民幸福指数为 6.64(1-10 标度)，1995 年上升到 7.08，但 2001 年却下降到 6.60。到了 2009 年 12 月，美国密歇根大学社会研究所也进行了一项关于中国人幸福感的调查，结果显示，中国人的幸福感仍在下降。现在的中国人，已经没有 10 年前快乐了。

这些数据不一定科学，但其反映出来的问题值得重视。20 世纪 90 年代，中国的经济刚刚起步不久，人民的生活水平在逐步提高，幸福感自然也越来越强。但是自 2001 年后，物质已经开始大大丰富，人们不再将吃饱、穿暖当成幸福的标准，而今就更是如此。人们对生活的要求越来越高，但现实却不一定能满足，造成的结果，自然是幸福感的下降。

有一位接受幸福感调查的白领的例子，就是一个典型的代表。这位白领 32 岁，在一家 500 强企业工作，收入丰厚，在北京靠自己打拼，有了房、买了车，并且已经嫁人组建了自己的家庭。在外人看来，她似乎已具备了幸福的所有条件，但她却经常愁眉不展，自己常不知道整日忙碌为了什么。她向调查人员抱怨说："快乐、幸福好像离我越来越远了。记得上学时，去校门口吃个麻辣烫，在地摊上买条牛仔裤都会高兴很久，但这两年，已经很少能找到那种幸福的感觉了。"

看到这个女白领的情况，应该有很多人与之产生共鸣，特别是在大城市中工作和生活的人们。在每一年的最具幸福感城市排名中，像北京、上海、广州、深圳这样经济发达的大城市经常排不上号，因为在这些大城市生活，压力比别的地方都大。许多人虽然外表光鲜，但心里其实很苦。

要维持一份体面的生活，需要付出很多。对他们来说，工作是赚取生活费的唯一方式，而为了保住这份工作，他们经常需要加班，需要处理复杂的人际关系，要忙于应酬，有时还得违心地说假话，讨好领导等。一些人常常感叹，理想很丰满，但现实却很混蛋。为了维持这份表面的光鲜，他们没有休息时间，没有尊严，甚至也没有健康（他们是"过劳死"的高发人群）。

在这种生活状态下，人生何来幸福可言？我不想去批判什么，只是觉得，人生其实有很多选择，生活就更是如此。幸不幸福，其实是一种内心的感受，在现实面前，我们当然没法做到全如己愿，但如果我们换个心态，或许会有一些不同。

其实相比以前，我们的生活已经好了很多，但为什么我们还是感觉不快乐呢？我想，最大的原因，可能还是不知足、不懂得珍惜。俗话说，知足者常乐。想想在物质紧缺的年代，我们吃什么都香，有一碗红烧肉，就倍感幸福。那时候做小孩，一到过年，就特别的兴奋，因为有鞭炮放，有新衣服穿了。但是现在呢？我们随时都可以吃上红烧肉，随时都可以去买新衣服，反而不如以前快乐了。

除了不知足，现在的人还爱攀比。总觉得别人的东西比自己的好。比豪宅，比职位，比薪水……甚至有些家长还喜欢比小孩，看谁的孩子更聪明，更多才多艺，然后就逼着孩子学这个学那个，最后搞到孩子也不快乐。

其实幸福的标准每个人都不同，有人认为吃肉是享受，有人认为啃骨头是享受；有人认为大鱼大肉是享受，有人认为素食淡饭是享受；有人认为得到了利益是享受，有人认为得到了赞赏是享受；有人认为物质生活好是享受，有人认为工作是享受，所以人不要以己之好度他人之腹。你认为好的东西，不一定适合别人，别人觉得好的东西不见得就适合你。那个看上去很辛苦的人，可能比你要幸福得多。那些整天炫富的人，或许内心比你空虚多了。为什么老是要去和别人比呢？

第三个原因，我想可能是生活没有目标。有时候，我的一些员工会经常找我倾诉，觉得自己很迷茫，不知道每天的工作是为了什么，感觉自己的生活太平淡，太无聊。其实他们就是没有目标，所以我常常给他们讲课，告诉他们要为自己的生活设立一个目标，这样才有一个前进的动力。有冲劲做事了，自然有所成就，有了成就，自然就会产生自豪感、幸福感，自然就会觉得生活是充实而幸福的。

人们觉得自己的幸福感下降了，也许还有一些外在的因素。我们看那些幸福感城市、宜居城市的排名，就会发现二线城市上榜的多。刚刚公布的《中国居住小康指数》就显示，有六成人觉得二线城市更适合居住。相比经济发达的一线城市，在二线城市生活，压力自然会小很多，人自然也会开心一点。

但是，很多人为了有一个自己所认为的"更好的未来"，即使要面临很多困难也要留在大城市打拼，所以我们就看到了很多"北漂""蚁族""蜗居一族"。这其实也是对生活没有思考清楚，为什么就一定得往大城市挤呢？如果二线、三线城市有更好的生活可以选择，为什么不去呢？

其实，人生到老，就会发现，那些所谓的名声，所谓的成功，到最后都是浮云，家庭幸福，生活快乐，才是最最重要的。说到底，一个人幸福不幸福，还是要看自己对幸福是怎么定义的。

依我看，幸福就是：三天三夜没喝水，有人送来了一盆泥水；一个星期没吃饭，遇见了一只死兔子；一年都没找到工作，有人招你去发传单。再说粗俗一点，幸福就是，尿憋了很久，到卫生间排了半小时队，终于轮到你。

所以，我常常能在一些简单的事情中找到快乐，比如，某天经过工厂时，发现工厂里的睡莲开得正香、正美，我也会很开心——这种开心，甚至比赚了大钱，发了大财还要美，因为它很单纯，很朴实，没有一丝的杂质。

人生已经很复杂了，我们为什么不能简单一点呢？其实，越简单的人，往往越快乐，当你开始变得简单，开始多留意身边的美好事物时，幸福自然就会来找你了。

2

从"狗仗人势"到"人仗狗势"

不知道大家有没有关注这样一则新闻——20多辆奔驰宝马组成的豪华车队迎接藏獒。

2011年11月，在河南郑州，近20辆宝马、奔驰、奥迪组成的豪华车队，在郑州火车站广场南集结，还有近百人组成的仪仗队，只是为了迎接两只藏獒。当天下午，在郑州火车站广场北的中铁快运门口，近百人围在这里，其中一名身材高挑的美女，高举着欢迎牌，身后跟着两只藏獒，引来众多的群众围观。据说，这两只纯种公藏獒均来自青海玉树，来郑州是为了给母藏獒配种。

看到这样的场面，不知道大家怎么看？当时很多围观的市民认为，这也太奢华了吧，虽然这两只狗很名贵，也不至于摆这么大的架势，根本不是为了接狗，而是在炫富。

看到这则新闻，就让我想起了某一天在小区的"遭遇"。那天我刚出院子散步，发现保安只给别的业主敬礼，不给我敬礼，我就纳闷了，怎么回事？仔细观察才发现，原来享受敬礼的业主大都牵了一条宠物狗，或者是开着车。呵！以前我们都说"打狗看主人"，现在变成"给主人敬礼先看狗"了！到底是在给业主敬礼还是在给狗敬礼呢？从前都说"狗仗人势"，现在的社会变成"人仗狗势"了吗？

您还别说，近年来这"人仗狗势"的事情也真不少见。2011年初的时候，

幸福就是：三天三夜没喝水，
有人给你送来了一盆泥水；

一个星期没吃饭，
遇见了一只死兔子；

一年都没找到工作，
有人招你去发传单。

251

我在网上看到一个大家都在转发的视频。苏州有两个小伙子当众给小狗下跪。事情是这样的，有几个年轻人开车经过某一个路口时，一只小狗冲了出来，由于视线被挡住了，他们来不及刹车，就把小狗给撞死了。小狗的主人要求赔偿5000元，开车的两个小伙子没钱，经过双方的协商，最终以两个小伙子给"亡狗"下跪一小时了结此事。这两个小伙子真的就在大街上真的对着死去的小狗跪了一个小时，起来的时候双腿都站不稳了，踉踉跄跄的。

好些路人对这样的做法看不过眼。虽说小狗也是一条生命，但事前主人也没有看管好自己的宠物，造成这样的事故，他也是有责任的，用这样的方式要求肇事者，是不是有些不太人道了？

如今在小区里面，也经常看到其他业主在遛狗，不同品种的狗，有的看得出还是精心打扮过的——说到遛狗，我就想起之前在网上读过的一篇文章。某天作者想去小区的绿地上散散步，前脚刚进，就被保安拦住了，理由是：别人都是要遛狗才能进去的，你没有狗不能进去。作者说当时简直不敢相信自己的耳朵，对这种无理的要求也十分不理解。

后来他上网一查，发现这并非个别现象。据说，有些小区为了让宠物狗有一个可以休息和玩乐的地方，还特地设置了专门供狗玩耍的场所，业主只有持有狗牌，带着狗，才可以进去遛狗。

这位作者和他的朋友讲了这事，没想到他的这位朋友建议他，不应供房，应该"养狗"。为什么呢？理由很简单：养狗能让你获得良好的社会地位和声誉。还说他的一位同事自从放弃买车转而养狗之后，人脉一下子就好了起来，社交圈子也提升了一个档次。

这位朋友还透露，在一条高档休闲街的招商过程中，那些做早餐、搞干洗以及擦鞋的市民都没能入驻，而那些做狗狗交易的中介、狗狗医院以及狗狗美容店生意的却轻松入驻了……

这又是为什么呢？理由其实也很简单：养狗，特别是养得起比较名贵的狗的人，几乎都是有钱人，像藏獒，动辄就是上万元，东莞曾出现的最贵藏獒要120万元。除了买狗，他们长期花费在养狗上的费用更是一笔算不完的账。宠物狗跟人一样，也要吃，要穿，要美容要保养，而这些费用往往比人的花费更高。因此，养狗也带来了无限的商机，于是很多商家就通过经营与狗相关的各种服务吸引有钱人。

对这个楼盘来说，这其实是另一种方式的营销。因为这些商家的提前入驻，提升了整个地方的"贵族气息和档次"，所以，在这样的商业地段进出的人，都因为自己手中牵着的、身上抱着的那只狗而觉得"面上发光"，看起来就像是沾了狗的光一样……

你说，这是不是"人仗狗势"？

问题是，当这些事情都合情合理地发生在我们这个社会时，到底是我们病了，还是这个社会病了呢？

出院子散步，
发现保安只给别的业主敬礼，
还有只给车敬礼，
不给我敬礼。

仔细观察发现，
原来享受敬礼的业主
基本都牵了一条宠物狗。
这是一个『人仗狗势』的社会。

3

我为何要捐 10 万给助人老外

2012 年 5 月 4 日晚，广东东莞市一家百货商店门前的斑马线上，一位女子钱包被偷时，名叫 Mozer 的巴西籍男子出手相助，阻止小偷，没想到反被小偷的团伙群殴致伤。其间有几十名路人在现场，却没有一个人设法施救。就连在不到 30 米处执勤的两名治安人员也以事发地不在管辖范围为由，拒绝出手干涉。

身在其中的老外 Mozer 对此感到心寒，这件事情经过网络传播后也引起了大家的激烈讨论，很多人赞赏老外的义举，但更多的是斥责国人的冷漠和麻木，国外也有很多人议论这件事，说我们中国人无义无德，路见不平也不相助。

知道此事之后，我认为 Mozer 的义举很伟大，让人感动，但是，我同时也认为中国人并不是都像别人口中说的那样，中国人也是有良心、有素质的。因此，我在微博上公开声明要捐 10 万元人民币奖给这位见义勇为的巴西老外，我要为国人洗耻，证明我们并不是那么的冷漠和无情无义，但是也担心有人误以为我在炒作，所以我在微博上征求大家的意见：只要有 90% 以上的人赞成，我就捐出这笔钱。

微博发出后，有很多人支持我的做法，当然也有质疑的声音，认为这样做是没有必要的，无法改变部分人麻木不仁的现实。但是我认为，这是因为人们总是用消极的眼光在看待身边的事物，总是看到生活的阴暗面。有一句话说得很好，"面对阳光而立，就不会总看到阴影"。我只是想借此告诉大家：中国现在出现的"麻木不仁"只是部分和偶发性的，并不是所有中国人都是这样的。

这样的事情，我以前也做过。在佛山的"小悦悦事件"中，我向广州市见义勇为基金会、拾荒阿婆陈贤妹和小悦悦的家人捐出了自己的一点心意。虽然在小悦悦被救之前有那么多让我们心寒的"见死不救"的过路人，但拾荒的阿婆陈贤妹还是让我们看到了，我们的社会还没有彻底地冰冷，还有温暖在人间。中国不缺德！

不错，"小悦悦事件"中，其父母不负责任的照看，面包车、货车司机的严重失误，18位冷漠的过路人，均应当拷问自己的良心。一位评论家曾这样形容当下的中国社会："为民不懂礼，为官不顾廉，为商不讲信，为友不讲义，为富不讲仁，为人没有德，几乎是'全民皆骗'。"此言虽然有些激烈，但我们必须承认，中国的物质繁荣，受到文化衰落、良心溃退制约的危机到了。

可我们却不能就此全盘否定中国人的良知。令人肃然起敬的是，陈贤妹后来将我捐给她的10万元转捐给小悦悦家属；一个最需要钱来改善自己生活的人，在大义面前，却视金钱如粪土。

同样，我捐钱给巴西老外，只是希望继续用我的一点力量，让这个社会往"善"的方向更进一步。对于Mozer，我只是把他当成一个国际友人，而一个"客人"做到了的事情，我们却没有做到，这令我们羞愧。10万元不完全是奖励，更多的是想唤醒我们民族的优秀潜质，如"仁、义、礼、智、信"等，虽然这种"唤醒工程"任重而道远。

其实我们的民族肯定拥有这些优秀的品质。最近，我看到有媒体报道，2012年5月12日，一位65岁的武汉游客在游览凤凰古城时不小心掉入沱江。当时沱江水流湍急，形势十分危急。幸运的是，在危急时刻，另一名游客和一名当地导游立即跳入洪水中，将老人推上岸。老人获救后，两名施救者因为力气已经耗尽被困在洪水中，随时都会被冲到下游。这个时候，其他在岸上的游客也想方设法施救，最后，在大家的共同努力下，所有落水的人都被救上岸。要知道，游客和导游下水救人时，都是冒着生命危险的，但是他们都没有一丝一毫的犹豫。在这一场救援中，我们看到的不是一张张麻木的脸，也没有所谓的"看客"，看到的都是一颗颗助人的心。

　　像这样温暖的人和事，历史也在帮我们记载着。20 多年前的一个夏天，在同一个地点，一位 16 岁的凤凰少年在洪水中救起 3 个落水儿童，最终献身。为了纪念他，家乡父老为他竖立了一座雕像，现在这座雕像就屹立在沱江边——一个跳入水中，伸手救援的少年。虽然他的牺牲让我们感到遗憾，但不得不承认，这样的助人之心和助人之举，从过去到现在，在我们的社会中，一直都延续着。

　　就在我写这篇文章的时候，又看到了一则好消息，为了救学生而高位截肢的"最美女教师"张丽莉停用呼吸机，开始恢复自主呼吸了。这位 80 后青年女教师的事迹也让我十分感动和敬佩。2012 年 5 月 8 日晚，黑龙江省佳木斯市，在一辆失控的汽车冲向学生的时候，就是她，一把推开了学生，自己却被车轮碾轧，造成全身多处骨折，双腿高位截肢。张丽莉的救人义举引起了社会的关注，很多人在关注她的情况，为她捐款，为她祈福。她在停用呼吸机后开口说的第一句话就是"谢谢，谢谢大家"。

　　我知道，无论是助人反扑的巴西老外，还是跳水救人的凤凰游客和导游，抑或是佳木斯的"最美女教师"张丽莉，与他们的义举相比，我捐多少钱都微不足道。我无法拯救这个世界，但我可以尽力。我希望通过这样的方式告诉那些因为看多了"见死不救"，怀疑社会，怀疑人性，甚至也将自己的美德丢弃了的中国人：我们的社会并不是那么冷漠。

　　同时，我也希望能以此鼓舞那些见义勇为的人——无论是中国籍的，还是外国籍的：正是因为你们的不麻木，才让我们的社会充满温情，希望你们能一如既往，给我们的社会带来更多的"正能量"！

　　让我们反复在心里读一读学者崔卫平说过的一段话吧：

看你的双脚，

你所站立的那个地方，正是你的中国。

你怎么样，中国便怎么样。

为民不懂礼，
为官不顾廉，
为友不讲信，
为富不讲仁，
为人没有德；
中国的物质繁荣
受到文化衰落
的制约之危机到来了。

你是什么，中国便是什么。

你若光明，中国便不黑暗。

4

杭州的英雄妈妈为何快乐

2011 年 7 月 2 日，杭州白金海岸小区，两岁女童妞妞从 10 层高楼坠落。在这紧急的瞬间，邻居吴菊萍踢掉高跟鞋，伸出双臂接住了孩子。这个发自本能的动作，令她当场被砸至昏迷，左手臂多处骨折，但却挽救了妞妞的生命。

这惊险又庆幸的一幕，把很多人都感动了，吴菊萍被称为"最美妈妈""英雄母亲"。在接受媒体采访时，吴菊萍说自己不是什么英雄，只是刚好碰到了，自己也是一个孩子的妈妈。如果不去接，孩子肯定会没命的。简言之，她认为当时是一种本能使然。

在镜头前面，看到吴菊萍一直在笑着，她很快乐。听说吴菊萍后来成了妞妞的干妈，妞妞经过一段时间的康复后，即将进入幼儿园学习。一件好事，让两个家庭的关系更为紧密，真是件非常值得开心的事。

助人为乐，是我们一直在提倡的社会美德，大部分人都在默默践行，其实这应该成为一种习惯，这种习惯会让我们快乐。

在青海省西宁市出租行业，有一个"爱心车队"，队长叫闫立平。每天出车，他都会把挣的第一笔钱留下来，作为资助贫困学生的助学基金；八年如一日，每天免费接送西宁市儿童福利院的脑瘫儿童赵敏上下学；每个月，他都会给贫困山区的学生们送出爱心物资，并坚持了 4 年；每年的高考，他还会免费接送考生到考场，10 年来接送过无数考生。

闫立平经常会说，帮助别人，自己收获的是快乐。"人呐，就活了个快乐，快快乐乐过好每一天是最好的，能够带动一大批有爱心的快乐'的哥'参加一些有意义的活动，挺好的。"

在闫立平的家中，有一个装满纸鹤、幸运星的玻璃罐，这是儿童福利院的一名残疾孩子花了半年时间折好，专门送给他的礼物。闫立平经常去福利院看孩子们，带孩子们游览城市面貌，所以，孩子们都特别喜欢他，都和这个憨厚、始终面带微笑的叔叔结下了深厚的友情。

送人玫瑰，手有余香。现在很多人都在抱怨自己的不快乐，抱怨对生活的种种不满，人与人之间的关系也日渐疏远与冷漠。其实生活中很多小事都可以让别人感受到温暖的。也许是你在公交车上的一次让座，也许是你为一次义捐活动捐出的一本书，也许是一次爱心献血……这些都是举手之劳，只是看我们愿不愿意去做。

在乐于助人、有善心的人脸上，我们总能看到这种最纯真的笑容。我记得央视主持人柴静曾经采访过一个卖羊肉串的新疆人，叫阿里木，这个人也是个爱做善事的人，谈起他帮助过的孩子，也是一脸的笑容，很干净。

阿里木2002年来到贵州毕节，摆个小摊卖羊肉串，到2010年，他把主要靠卖出30多万串羊肉串攒下的10多万元，全部捐赠出来资助了上百名贫困学生。在贵州毕节学院，他们专门为阿里木成立了"阿里木助学金"。

阿里木的善举源于2002年，有一天他去医院看望朋友，见到邻床有一个男孩脸肿得吓人，这个男孩叫周勇，11岁，患有肾病，由于父母交不起医药费，只好提前出院。当时阿里木看到了，马上把他们拦下来，掏出身上仅有的200多元，先垫付了些医药费。

第二天，阿里木找到周勇就读的学校，说服学校发起募捐，全校师生共捐了1万多元。后来阿里木还请周勇的妈妈帮他穿羊肉串，付给她比别人多的工钱，就是为了帮周勇减轻家里的负担。阿里木看到当地很多孩子因为贫困读不起书，就开始用每年卖羊肉串攒下的钱资助学生们上学。

阿里木自己的生活则是过得十分简单，一件15元钱买的粗毛衣，穿了4年多，一个馕加一杯水，常常就是一顿饭，对这样的生活，阿里木非常满足。

在广州，还有一位做了好事不留名的"凌志哥"。2012年6月，江西籍流浪汉贺小平突发急性阑尾炎，因为没钱支付手术费用病卧在广州街头，当他即将绝望的时候，一个陌生而温暖的声音让他看到了生的希望，"救人要紧，多少钱我来付！"这位陌生人为其垫付了8000元治疗费用，把他从死亡线上拉了回来。事后，这位好心人一直不愿意露脸，只是觉得能救人就好。

杭州的英雄母亲也好，新疆的阿里木也好，助人不留名的"凌志哥"也好，他们皆没有为了博得什么好处，只是发自内心地想要帮助有需要的人。快乐其实多么的简单。

当然也有人会说，一些讹诈事件，令社会的信任成本变得奇高。很多时候大家不是不救人，是不敢救。几年前，南京一位老人晚上骑电动车不慎摔伤，倒地不起，十几名市民自发围成一圈，保护老汉，防止过往汽车辗轧，甚至有市民回家取来手电筒，示意过往车辆避让。然而直到20分钟后救护车赶到，始终无人敢靠近老人，伸手拉他一把。有记者为此采访了多位市民。多数人表示，"应不应该管，是道德角度的考虑。是不是出手相助，是现实情况的考虑。万一遇上一个不讲道理的老人，好心不仅得不到好报，还会惹上麻烦。"

还有一件事发生在杭州。2012年7月的一天，浙江乐清7路公交车上一位乘客突发癫痫，当时车上十多位乘客正在疑虑要不要救人时，驾驶员一句："我车里有监控，说什么都能听到，大家尽管救。"话音刚落，一车人全力救护，驾驶员一路闯红灯将病人送到医院。

其实从这两件事情可以看出，人之初、性本善，每个人的骨子里都是善良的，都有爱心，试想如果是自己突然发生意外，如果周围的人全是看客，会是怎样的一种情景。尽管有时一些恶性事件令乐于助人者蒙受冤屈，但我觉得也不必就此心灰意冷，认为"好人没好报"。一个社会走向文明和法治需要过程，我们大可不必太过悲观。

5

解构雷锋，我们得到了什么

每年的 3 月，是学雷锋月。2012 年 3 月，在学雷锋活动的主旋律之外，有些人兴起了一场"解构雷锋"的风潮，即重新评定"雷锋"这个全民英雄是不是真如课本或宣传中的那么"高大全"。

雷锋的照片是不是"摆拍"的？雷锋捐款的钱从哪里来的？为什么每次雷锋做好事身边都有摄影师跟着拍照？还有很多诸如此类的问题，质疑的导向让每一个小疑点都被放大了无数倍。他的螺丝钉精神被解构成"奴性"，他的助人为乐被颠覆成"作秀"，他时常被拿出来做榜样宣传的行为被戏称为"一块砖任党搬"。

我还看到过一期周立波讽刺雷锋的节目，心里感觉很不舒服。节目利用几张雷锋的照片对其极力挖苦。他讽刺雷锋每一件好事都详细写在让领导和战友随时可以翻阅的日记本上，怎能说是"做好事不留名"？而且雷锋在部队的照片有 200 多张，几乎每一件好事都有照片为证。在当年一般战士通常只有几张登记照的时候，雷锋这样爱照相，要浪费多少时间和多少金钱？雷锋多次捐款，一次捐款就达 200 多元，可当时雷锋一个月只有 6 元钱津贴，一年一分钱不花也只有 72 元，雷锋总共也只当了两年兵，全部积蓄最多也只有一百多元，而且他身为孤儿，哪来的这么多钱捐款？而且当时雷锋零花费用不小——常常在休息日穿着 64 元一件的名牌皮夹克（有天安门照相为证），手戴瑞士手表，这样富有的雷锋，却常常故意在人前补破袜子，这是艰苦朴素还是别有用心？

其实早在 2009 年，《中国新闻周刊》就刊登过一篇文章《被"修改"的雷锋》，文章通过对当年为雷锋拍摄过照片的沈阳军区宣传干事张骏的采访，挖掘了真实的雷锋以及雷锋形象被塑造的过程。当年已经 79 岁的张骏与雷锋有过 9 次接触，为雷锋拍摄过 223 张照片。他透露，雷锋确实做过很多好事，但现场是没有拍下照片的，而我们后来看到的照片，是因为宣传需要补拍的。有的甚至是在雷锋牺牲后，为树立高大全的形象，对照片进行过修改的。当时由于摄影技术和拍摄仓促等问题，很多照片都是有漏洞的，但为了尽快完成宣传雷锋的任务，很多照片也无法重拍。

为什么雷锋会被质疑，为什么人们会如此强烈地关注？是因为原本自己印象中的雷锋形象被破坏了吗？

我认为雷锋是一种精神的代表，当时有些照片可能确实是因为宣传部门的需要而伪造的，但我宁愿相信雷锋的事迹是真实的，正如张骏所说，雷锋确实做过很多好事，也是个爱读书的人，他的日记里有很多读书笔记。而有关雷锋的一系列宣传载体，照片也好，画册也好，都是为了宣传雷锋精神而增加的，放在当时的历史环境中，这也是无可厚非的。

解构雷锋，质疑雷锋，我们又能得到什么呢？是为了知道雷锋的虚假吗？是为了揭穿当时的宣传部门的虚假吗？是要推翻雷锋精神吗？

为什么我说宁愿相信雷锋的事迹是真实的，是因为雷锋形象和雷锋精神代表的是中华民族最传统最朴素的道德观和价值观——乐于助人，爱岗敬业，无私奉献等等，难道这些不是我们这个时代、我们这个社会所迫切需要的吗？

在那个时代，雷锋热心地扶老奶奶过马路，在今天，老奶奶摔倒在地，没人敢上前搀扶；在那个时代，雷锋把自己比喻为螺丝钉，兢兢业业地工作，为社会贡献自己的光和热，在今天，且不说大家功利心重，只求升官发财，更有一些人为了升职加薪，玩弄权术，勾心斗角；在那个时代，雷锋无私奉献，发扬大我忽略小我，在今天，很多人为了一点小利斤斤计较，"只扫自家门前雪，不管他人瓦上霜"……

我想，我们要学习雷锋，正是要学习他的这种精神，而雷锋只是这种精神的一个代表，或者说是一个传播的载体，一个符号。因此，还原一个真实的雷锋，并没有多大的意义，如果我们已经学习了这种精神，培养了这些良好的品质，当年的那个人是谁？他是怎么被塑造出来的，根本不重要了。难道发现雷锋不是教科书上的雷锋，我们就不做好事，不乐于助人了吗？

在今天的社会，好像大家都很喜欢质疑，并且总是一拥而上。当然，质疑不是不好，只是质疑的时候也应该抱着一种理性的态度，谨慎地看待，慎重地思考。与其花时间、花心思去解构雷锋，质疑雷锋，还不如把时间花在行动上，脚踏实地，努力工作和生活，发自内心地去做好事，去帮助需要帮助的人，合大家之力让这个社会变得更美好。

6

郭美美炫富炫出了什么

2011年6月，一个名叫郭美美的20岁女生突然之间在微博"成名"了，她的新浪微博认证头衔是"中国红十字会商业总经理"，但是，她却在微博上大肆炫富：住别墅，一个人开兰博基尼、玛萨拉蒂、minicooper三辆豪车，和母亲拥有十数个爱马仕包；飞来飞去坐的都是头等舱。

网民们一下子沸腾了，开始疯狂地围观和人肉搜索，甚至跟踪到她的飞机航班，经过很长一段时间的调查，由郭美美牵出的丑闻曝光于阳光之下。"郭美美事件"也才告一段落。

撇开郭美美事件背后的红十字乱象不谈，其实像郭美美这样爱炫富的人，中国现在并不止她一个。只是在这个信息传播如此迅速的网络时代，当时那个特殊的新浪认证头衔掀起了舆论的风浪，才将郭美美推上了舆论的焦点。

　　人皆有爱慕虚荣之心，这似乎也无可厚非。就像上世纪七八十年代的人，照相者都要戴一块手表，而且要明显地露出来一样。那时候人穷，很多人没手表，都要去借一个戴着炫一炫。聪明的照相师傅，都会准备一只塑料表借给照相者戴，生意因此就火了。那时爱慕虚荣的人，如果身旁能有一辆凤凰牌自行车可以靠一下，就像现在靠在宝马车上照上一张感觉一样。

　　但是，我要说的是，如果这种对虚荣的追捧超过了一定限度，就是一种灾难——经过 30 多年的改革开放，逐渐摆脱贫穷，越来越富有的中国人现在面临着的，正是这样一种"灾难"。

　　众所周知，现在，中国人似乎是全世界最有钱的民族。一些人出国就疯狂地买名牌包包，买名表，用这些东西来装点自己，似乎不如此，就不足以证明自己是有钱人。

　　真有钱的人，也就罢了。现在还出现了一些不正之风，一些本来就没什么钱的人，也充当大款，以买一个名牌包包为荣。一些小孩子，甚至也跟风，这两年就不时爆出，有高中生为了买一个 iPhone，男孩子去卖肾，女孩子去卖身的新闻。

　　这让我想起过去嘲笑中国人的一个笑话，说的是，某人家里很穷，一年吃不上两回肉。有一天，一家人满嘴油光光地在全村转，村人都问："哟，今天吃肉了？"大人自豪地回答："是啊，吃了很多呢。"事后村人问其小儿。娃说："没吃肉，是俺妈捡了一块肉皮给嘴上擦的。"

　　其实真正富有的人，都是很低调的。比如，人均收入是中国人许多倍的德国人就是如此，英国《经济学家》杂志曾对德国人的消费情况进行了调查，该报道称，"让德国人掏腰包可不是一件容易的事"。为了省区区几欧元，德国人宁愿放弃更好的服务和更多的选择。他们中的一些富人，买了豪车，还要花钱把车标去掉。

　　这些人出门，炫的不是富，而是素质。这与某些中国富人恰好相反，他们拎着 LV 包，开着玛莎拉蒂，但走起路来，恨不能像螃蟹一样"横"着，媒体上

265

时常会出现，"奔驰男"抑或是"宝马女"因为与路人抢道，反而将无辜路人暴打一顿的新闻。

上世纪80年代，台湾著名作家柏杨先生就以"恨铁不成钢"的态度，强烈批判中国人的"脏、乱、吵""窝里斗""不能团结""死不认错"等，指出中国传统文化有一种滤过性疾病，使我们的子子孙孙受感染，到今天也不能痊愈。而今，几十年过去了，这一现象似乎还是没有什么改观。

在国外，我时常看到这些所谓的中国有钱人，虽然满身珠光宝气，但在公共场合，大声呼叫同伴，不断高声打电话。每每看到，我都觉得很丢脸，这根本不是在炫富，是在炫丑！

所以，每次我都和朋友们说，你们有钱了，可千万不要炫富，要像人家一样炫素质。在国外遇到有同胞不愿意给服务生小费，我都会善意地提醒。我是真心地希望，中国人走出去能给我们的国家长脸。

对于那些看到这些新闻心理不平衡的年轻人，我通常都会告诉他们，你们其实没有必要去仇恨或者忌妒"富二代"，应该化"不平衡"为力量，努力做一个"富一代"，然后好好地教育"富二代"。

回到"郭美美事件"，从另一个角度看，其实这和"我爸是李刚"事件一样，都反映了现在的年轻人，因为资讯环境的不同，生存环境更为复杂，他们的行为必须更小心谨慎。其实，他们都还小，但炫权、炫富是不应该有的低素质行为，不然，炫之反而被贬之。

其实，郭美美和李刚之子，都只是20岁左右的年轻人，在批判他们炫富、炫权的背后，我们也应该多一分宽容，想想在批评他们的同时，是不是更应该批判他们的父母对他们的教育？现在很多有钱人都在教小孩子炫富，小孩子之间的攀比，其实是家长们在炫富，在攀比。据说，在新西兰，一些中国留学生狂购豪华车已成当地街谈巷议的新闻。一家电视台在采访当地宝马、保时捷甚至奔驰经销商时，他们个个咧嘴而笑。一位宝马经销商说："这些中国孩子只爱好车，有几个每两三个月就买一台，一个孩子留学不到一年，就在这里买了一台 Z5 敞篷跑车，一台 M3 和一台 X5 宝马吉普。"令这些经销商分外吃惊的是这些中国留学生的付款方式，"他们一般不用信用卡，几乎从不分期付款。一次一少年留学生托管人来购车提来一个皮箱，他说这里有 15 万美元的现金。我让店里的两个店员过来数钱。上帝啊，这是我们这辈子看到的最多的现金！"

　　这些人的挥金如土，真的应该引起我们的反思。他们虽然是在金钱上的"富二代"，但在精神上，却是不折不扣的"穷二代"。这些年，中国经济发展得很快，都已经赶上甚至超过许多西方国家，但是我们的文明程度，我们的素质却没有跟上。要在精神上超越他们，我看，还要从下一代继续抓起。

有这样一种虚荣式炫富：过去人穷，一年吃不上两回肉。

有一天有家人满嘴油光光、很神气地在全村转，村人都问，哟，今天吃肉了？

事后其小儿透露秘密：肉没吃，只是俺妈捡了一块肉皮给我们擦了擦嘴。

7

高房价剥夺了中国人的快乐!

2007 年 8 月，教育部公布了 171 个汉语新词，在这些新词中，有一个词特别刺眼，也特别熟悉——"房奴"。

他们对这个新词的解释是：城镇居民抵押贷款购房，在生命黄金时期中的 20 到 30 年，每年用占可支配收入的 40% 至 50% 甚至更高的比例偿还贷款本息，从而造成居民家庭生活的长期压力，影响教育支出、医药费支出和扶养老人等，使得家庭生活质量下降，甚至让人感到奴役般的压抑。

这差不多是中国购房一族的真实写照。如果要寻找中国人不快乐的根源，房子应该排其———2007 年，《小康》杂志曾做过一次调查，很多网友认为，房价是最沉重的负担。做"房奴"的压力是导致有房子的人不快乐的主要原因之一。

我在论坛上看到过一个帖子，讲的是一个年收入 10 万的房奴的悲惨生活。此君在重庆一家不错的企业上班，辛辛苦苦地工作，2011 年的年收入达到 10 万元。2010 年房价高涨时，他在重庆新牌坊附近买了一小三房，总价 73 万多元，首付三成，其余的贷款 20 年，每月需还贷 3500 多元，一年中单单还房贷，就需支出超过 4 万元，占了他年收入的四成。

不过，要命的是，他这 10 万元的年收入中，工资收入是 7 万多元，即每月工资 6000 多元，其他收入并不稳定。也就是说，在每个月的工资收入中，他需要花超过一半的钱在还房贷上。

2011 年的最后一天，他的兜里仅剩 5 元钱，而接下来的春节，只能靠年终奖 4000 元和一月份工资 5000 多元度过了，但这 9000 多元钱除了生活等各种开销约 1200 元外，还得归还上年装修房屋所借亲戚的 5000 元，他甚至都不想回老家过年了。

但在没当"房奴"之前，他的日子过得很逍遥，虽然年收入只有六七万元，但每年春节他都能风风光光地回到渝西家乡的县城，在亲戚朋友面前大大方方地花钱……

这位仁兄只是中国千千万万房奴中的一个，还有很多比他过得更辛苦的。他们除了守着房子，什么也不敢干——不敢轻易换工作，不敢娱乐，不敢旅游，害怕银行涨息，担心生病、失业等。许多人在论坛中吐槽，第一句话就是，"我永远也忘不了 × 年 × 月 × 日，因为从那一天起，我当上了'房奴'，我的不快乐，也从这一天开始。"

经常写房地产评论的牛刀曾经指出，高房价已经威胁到了中华民族的正常繁衍，因为很多中国人，没有住房就是不结婚，结婚了也不要小孩。"我们这个时代如果让年轻人连后代都不敢繁衍，那是对民族的犯罪"。提到一组数据，2004 年，中国小学新生入学人口 2500 万人，有小学 89 万所，现在呢，新生入学人口不到 1000 万，小学减少至 38 万所。"高房价把一个民族的未来都透支完了"。

现在年轻人当中出现了"啃老族"，即年轻人需要父母帮忙出钱买房、还房贷，牛刀认为，年轻人也不愿意"啃老"，但是我们的住宅开发和供应体制出了问题，逼迫老百姓把祖宗三代的财富都堆积在房子上。现实何尝不是如此呢？高房价影响的不只是一代人的幸福，影响的甚至是几代人的幸福啊！

其实，高房价对老百姓的影响，还不只是在沉重的房贷上。房地产是造成中国经济通胀的原因之一，中国下一步主要经济支撑点是内需（因为欧美经济萎缩，不可寄望）。而当前房地产市场是遏制内需的最大原因，因为现在有几千万房奴，每月要用近一半的收入去付房贷利息，剩下的钱只能节俭度日，怎么能推动内需？

我们看看今天的中国，其实已经出现了一些创造力缺失的迹象。而究其原因，同样是高房价。为什么这么说？郎咸平说过的一段话可谓振聋发聩："所有的人拼命工作，拼命挣钱，之后把钱都投到哪里了？既没有投到实业上，也没有拿去消费，基本都买房子了。这是很病态的做法，也是最可怕的。想想看，对于普通老百姓来说，自己的收入基本都拿去还月供了，那实质消费就减少了。对于那些手里有不少闲钱的人来说，本来想投资做点什么，可是，考察一圈后发现，制造业和服务业，基本没有什么钱可赚，那干吗还要辛辛苦苦地做呢？我还是拿去炒房吧。这真的很可怕，因为对于一个国家来说，整个创造力的下降其实才是最大的危机。你看10年前，马云花50万创立了阿里巴巴，小马哥的腾讯也是差不多50万，陈天桥也是50万，他们都用了差不多50万创立了自己的企业。再看看现在的年轻人，如果手里有50万的话，他们肯定不会投到创业上去，那干吗呢？肯定是拿这50万去付首付了。"

这也是我支持中央抑制房价上涨的原因。事实上，打压房地产是为了挽救炒房的人，爬得越高摔得越重，谁也不想做最后的接棒者，不是吗？

因为房价高涨，中国的营商成本也非常之高。举一个我所在的家具行业的例子，高房价导致商场的租金年年攀升，一般来说，我们在商场摆一个系列的家具，大概需要400平方米，在一般的城市，每月的租金是200元钱一平方米，这就需要至少8万元，加上其他装修费用等，基本需要10多万元；如果是在别的城市摆，还需加上运费，这就占了12%到15%，种种费用加起来，家具的成本自然就被抬高了，如此一来，家具的价格自然也就跟着提高了。

这个道理套用到其他行业也都是说得通的，特别是关系到老百姓衣食住行的行业。房价的上涨首先影响到的就是老百姓的消费力，消费力的下降会影响到生活的质量，生活质量下降，我们怎么能快乐得起来？

中国房地产行业制造了几千万房奴，他们要用收入的近一半去还房贷，生活当然艰难。

房地产制造了一代穷人，且这代人会穷很久。

8

给孩子戴绿领巾，我们的教育没救了

红领巾，是中国少年先锋队的标志，代表了红旗的一角，也是小学生群体最有特色的标志，飘荡在胸前的红领巾是要教育孩子们爱祖国，爱人民，顽强学习，不怕困难，代表一种积极向上的态度。

然而，当胸前的红领巾变成了绿领巾，对佩戴着它的孩子来说，会带来什么影响？

西安市未央区第一实验小学门口，在一群刚放学的一年级学生中，有几个孩子胸前佩戴的绿领巾显得格外刺眼。

有一个佩戴着红领巾的小朋友指着绿领巾孩子说："你学习不好，戴绿领巾，我才是真正的红领巾……"

这个戴着绿领巾的小女生在班上成绩一般，老师就给她戴了绿领巾，她说，班上有一半的同学都戴了绿领巾。

看得出有很多孩子是不愿意戴绿领巾的，他们一出校门就把绿领巾收进书包里。一个小学生说："哥哥姐姐们都是红领巾，我觉得绿领巾不好看，可是不戴的话老师会批评。"他们老师要求调皮、学习不好的学生就得戴绿领巾，上学、放学都不能解开，不然就在班上点名批评。

一位家长对学校的做法表示不满："孩子年龄再小，也有自尊心，嘴上不说什么，也能看得出戴绿领巾不是啥好事情。红领巾是国旗一角，是少先队员的象征，绿领巾怎么能相提并论？"

对于给学生佩戴绿领巾这件事，学校的说法是，设计绿领巾的初衷是对孩子加强教育培养，参考了外地一些学校的做法，也考虑到一些家长的特殊要求，并非有意区分好学生和差学生。"绿领巾的含义，就是告诉他加油努力，下次争取戴上红领巾。"

无独有偶，在温州市双桥小学，同样出现了佩戴着绿领巾的学生，该学校的解释更加滑稽："绿领巾是阳光、健康的象征，孩子们很喜欢戴。"

学校给出的这种种解释想必家长们是绝对不能接受的，红领巾代表着进步，那么与之相反的绿领巾代表着什么不是不言自明了吗？孩子们都说，调皮的、学习不好的就要戴绿领巾，这不是摆明了要给孩子们贴上"学习不好""差等生"这样的标签吗？即使学校的出发点是好的，这样的方式是不是太欠妥当了，太不经大脑了呢？

绿领巾的做法在遭到家长和各界的谴责后，校方取消了这种做法，但是类似这样的现象在中国的校园内却还是变换着方式上演着。

包头市又出了"红校服"事件。网友爆料称，内蒙古自治区包头市24中向初二、初三年级前50名学生发放红色校服。这种红色"优秀生"校服不仅颜色有别于普通的水蓝色校服，而且在运动服背面，更是印有白色"包24中优秀生 翔锐房地产"字样。

据说，这些校服是包头翔锐房地产公司赞助的。学生不仅被分了等级，还被作为免费广告的工具。学校虽然没有强制学生穿上红校服，但这种做法已经在无形中将学生分了等级，也掺杂了商业因素。包头市教育局有明确规定，学校不得以任何形式区别对待学生，私自接受企业的馈赠也是不允许的，但这些现象并未被杜绝。

绿领巾，红校服，当你以为这些不良现象被取消之后，孩子们应该能接受平等的教育，幼小的心灵不再受到伤害的时候，"三色作业本"出现了。

山东枣庄39中根据学生成绩好坏，为学校部分班级的学生分别发放红黄绿三种颜色的作业本。其中一个班级的学生说，学习成绩在班级前30名的学生发绿色和黄色作业本，后 30 名的学生发黄色和红色作业本。笔记本封面上还分别标有字母，绿色标有 A，黄色标有 B，红色标有 C。而在以前，学校只是发一个黄色的作业本，并没有标注字母。

针对三色作业本，学校的说法是，为了充分挖掘学生的学习兴趣，让学生养成独立完成作业的习惯并体验到完成作业后的成就感和喜悦感，学校决定实施分层次作业。学生可以根据自己的基础情况选择难度不同的题目。A 类题难度比较大，B 类题是每个学生都必须掌握的知识，C 类题是相当于课后练习题性质的巩固基础知识的题目。校方解释说："每个学生的基础不一样，我们承认有差距，但是这样做是为了缩小差距。我们分发作业本只是针对题目难度，并非针对学生本人。"

资深中学教师刘波认为，"分类"和"分层"，虽然只有一字之差，却代表着不同的教育理念。"把学生分成了三六九等，这是分类，因为你把学生分出类别来了，这对于学生就是一种侮辱就是一种歧视了，不是分层次了，这两个概念是不一样的。"

我们可以看到，以上这些莫名其妙的做法针对的对象都是接受九年义务教育的学生们。这段时间，正是孩子培养和形成世界观、人生观和价值观的重要时期，对于大部分孩子来说，他们也许并不能理解学校所谓的鼓励上进的动机，大部分只能从表面去观察和理解，他是红领巾，我是绿领巾，他是好学生，我是坏学生。对是非黑白还不太懂得区分的孩子也许因此就在心里断定自己是个坏孩子了，试想，这样的影响多么可怕？有的孩子或许还会因此对别的学生产生歧视，就像前文中提到的，一个戴着红领巾的孩子在嘲笑一个戴着绿领巾的孩子。

也许学校的初衷是希望给学生一些鼓励，针对不同的学生采用不同的方法，他们可能认为这是在"因材施教"。但是，对于因材施教，陶行知先生说过，人像树木一样，要使他们尽量长上去，不能勉强都长得一样高，应当是：立脚点上求平等，于出头处谋自由。九年义务教育是基础阶段的教育，在这个阶段，应该让孩子们受到平等的教育，在平等教育的基础上，再来发掘不同学生的不同特点特长，从而鼓励其更好地发展，这才是所谓"因材施教"，而不是毫不考虑学生自尊心而将他们划分成三六九等。

教育对孩子的影响，有时候是根深蒂固的，是一辈子的，希望中国的教育工作者们能好好想想何为教育，如何教育，别再让我们的孩子们受伤了。

说到教育，不得不提及日本。我在《再给中国二十年》一书中也谈到日本对教育的重视程度和教育方法令中国人惭愧。2012年的时候，新浪微博上有一组图片被网友们疯狂转发。内容是一位教师到日本学校访问，并与孩子们共进午餐，真实体验了一番日本学生的校园生活后，由衷地发出感慨：我们已经输在了起跑线上！"你可以不喜欢日本，但是他们却总有一种精神让你不得不从心底佩服"。

以一些细节为例。日本学校里的学生有"帮厨"的规定。每天抽一个班，不管大小学生，都要参加，主要负责帮助厨房做饭、准备餐具等工作。这种锻炼不但使得小学生们不娇惯、动手能力强，更使他们学会了勤俭和待人接物。上述中国师生们甫一到日本学校交流，就明显感到教育理念的不同。

塑料的包装要放在左边的垃圾桶，纸质封盖要放在右面。日本垃圾分类的教育从娃娃抓起。同样让中国老师们感叹的是，日本小朋友吃饭非常认真努力，汤菜饭均吃到一滴一粒不剩。相比之下，一些中国的孩子觉得剩饭剩菜是再正常不过的事。

每个日本小朋友的桌子上，都有一个小小的牙缸，吃饭后，他们就立刻刷牙，饭堂里就有敞开式的水池，很方便。这也是一种约定俗成的卫生习惯。当大家基本上都吃完时，很多日本孩子开始自觉地擦桌子，干活了，没有监工和指挥，各自找能干的活。这让中国老师们也感到汗颜。

小学生们喝的牛奶是分发的。剩下没有发完的牛奶如何处理？日本小朋友们围成一个圈，猜拳，玩石头剪子布。最后一个一个被淘汰，剩下几个胜出学生。他们欢天喜地地跑到箱子里，拿起未分完的牛奶来喝。赢得第二瓶牛奶的学生，喝完后都将瓶子倒着放在托盘里——瓶子倒着放不容易在之后收拾时碰坏摔坏。

饭后，中国小学生问日本小学生们：你们感觉快乐吗？回答是响雷一般的"快乐"。然而当日本小朋友问同样的问题，中国学生一片沉默，有人回答道"不快乐"。"这也许就是应试教育下，孩子的郁闷吧。"随行的中国老师说。

9

藏獒被偷与"富二代"之困

一次，我在外面散步，无意中看到，小区附近贴了很多"启事"，走近一看，哭笑不得——原来有人的藏獒被偷了，贴的是寻獒启事。

藏獒体型高大，性情凶猛，本是贼怕之物，竟然被偷，有点像特警被小偷绑架了的感觉。我一时百思不得其解。

不过，转念一想，又释然了。藏獒被盗，应该与其被圈养有关吧。野外的藏獒，自然是凶猛无比，一般人都不敢接近。但是被养着的藏獒，离开了原本生存的自然环境，离开了天敌，有人照顾，三餐定时，日子过得舒舒服服，不需要拼了命去抵御天敌，攻击性自然就下降了，能力也就退化了，即使仍能大声吼叫，却无法与小偷对抗了，最终落得被盗的下场。

这让我想了而今饱受社会诟病的"富二代"，按说，"老子英雄儿好汉"，一代应该更比一代强。但是社会传出的很多新闻，很多都是关于"富二代"的负面消息。

看看最近的一则。在广州的豪宅区，每栋房子动辄以千万计的汇景新城，的哥们经常接到电召，将小区内的汇景实验学校的学生接回家，你知道从学校到他们的家有多远吗？三四百米！的哥们接到这些电话，哭笑不得，这样的生意既

西安一学校给学习不好的学生戴「绿领巾」，真是扯淡。

小时候，

所谓学习好，

有可能只代表老实和记忆力好，不代表有创造力、组织能力、系统思维能力、胆识等才力元素。

中国的教育不知扼杀了多少乔布斯。

$$Y_3 \quad m_3$$
$$R_x \quad S_3$$
$$R_y$$
$$N \quad m_2 \quad R_y$$
$$oS_2 \quad R_x$$
$$MR \quad F_p \quad F_p$$

$$P(A) = \sum_{\omega \in A} p(\omega)$$

$$z = a + bi$$

$$y = \sin x$$
$$y = \cos x$$

麻烦，又不划算，有时候他们将车开进汇景新城，要绕一大圈，绕的距离甚至是这些小孩到家距离的好几倍。

相比这个，让的哥们更看不过眼的是这些孩子的娇惯，"几百米还要靠打车，读那么多书又有什么意义？我们小的时候，可是几公里也要靠步行的"。

其实，即便这些小孩不叫的士，他们的父母也会来接的，每到放学时间，汇景新城的门口便是排成一长溜的豪华车队，都是等孩子回家的。而有些接了孩子的车，同样只是掉个头便回到了小区内的家。

很多人说，这是家长对孩子的宠爱，但我看未必。小小年纪，这么短一段距离，就要坐豪车或打的士，当这种行为成为一种常态，孩子就会养成大手大脚花钱的坏习惯，不懂得珍惜。很难想象，他们长大之后，会养成怎样的价值观。

实际上，现在社会上已经出现了诸多有关"富二代"炫富，不知怎么和这个社会相处的问题。前段时间，一位名叫"英子"的"富二代"走红网络。她是某款以盖楼为主题，楼层最高者送真房子游戏活动里的玩家。但这个90后英子，家中其实已经拥有多套别墅和经济适用房，却在游戏里花钱雇大量枪手操纵排名。她扬言一定会得到游戏大奖所送出的房子，且嘲讽跟她抢房子的网友都是买不起房子的"穷鬼"和"心理阴暗的大妈"。"我不稀罕什么破房子，我家随便一套房子50万还得加0呢！我就是要永远排第一，气死那些骂我的人。"此番言论导致英子受到大批网友的批评，但是她却一点也不在乎。

最近在我所在的城市东莞，也发生了一件匪夷所思的事情。学生们在参加高考，有一个考生开着车慢悠悠地进入考场，考试快开始了也不着急。后来才知道，原来这位考生是虎门本地人，家里开有加工厂，是典型的"富二代"，考试之前已经在厂里上班了。平时成绩一般，家里觉得考个专科就没必要上了，此次过来就是体验一下高考的感觉。真叫人无语！

像这样的事例还有很多，当然，我不是说每一个"富二代"都是不懂得珍惜生活、不思进取的，只是这些负面的现象应该引起我们思考：他们之所以变成这样，除了他们自身的原因外，谁应该负更大的责任？

我想是对"富二代"的教育出了问题。

在美国，不管家里多么富有，孩子一般12岁以后就得给家里做家务，如剪草、送报等，当然，家长也要相应付给自家的孩子"劳务报酬"，体现按劳取酬。美国的父母们常说，只要有利于培养孩子谋生的能力，让他们吃再多的苦也值得。

如果你在俄罗斯的街头和广场散步，无论是在莫斯科、圣彼得堡，还是在海参崴，都难得见到大人抱孩子或背孩子。在大街上，在台阶下，经常见到一些两三岁的小娃娃走不稳摔倒了，甚至跌得眼泪汪汪。而他们的父母亲，却连拉都不拉一把，只是停下脚步，鼓励他们自己爬起来，继续往前走。

出生在富裕家庭的孩子，更要接受"挫折教育"，让他们走出温室，多看看外面，接受室外的阳光和风雨。其实人跟动物一样，生活过于安逸便会失去斗志与野性——就像被圈养的藏獒，失去兽性，即使祖宗是猛犬，也有可能退化成猪。

内有恶犬

看到有人的一条藏獒被偷了，
到处贴着寻獒启事。

我想，藏獒凶猛，
本是贼怕之物，竟然被偷，
有点像特警被小偷绑架了的感觉。

凡动物与人，
过于安逸便会失去斗志与野性，
即使祖宗是猛犬，也会变成猪。

281

10

从"曹德旺式慈善"到"陈光标式慈善"

2012年第九届中国慈善排行榜发布典礼上，被称为"中国最苛刻的慈善家"的曹德旺再一次获得了"中国首善"的称号，我觉得很欣慰，他得到这一称号可谓实至名归。

不过，同样是做慈善，在中国，还有另外一个人也常常以"中国首善"自居，他就是陈光标，他的作秀式慈善常常让人起鸡皮疙瘩。

在今天的中国，"曹德旺式慈善"和"陈光标式慈善"，到底哪一种更适合这个社会呢？

我们先来说说"曹德旺式慈善"。我在《再给中国二十年》一书中也介绍了他，曹德旺是福耀玻璃集团的创始人、董事长，从1987年创立福耀集团以来，经过25年时间发展，目前已经在全球拥有了34家子公司，在中国10个省有工厂，年利润在1亿元左右。无论是供应量还是企业效益，福耀在全球汽车玻璃同行业里，都是做得最好的。

曹德旺曾经说过，在我们弱小、贫困的时候，必须做到遵纪守法，清清白白地依法经营、诚信经营，这个时候也可以做一些力所能及的慈善；如果你发了财，还想发更大的财，那就请你慷慨解囊去兼济天下。因为你要进一步发展，就需要一个更和谐的环境、更繁荣的社会来支持你。他的逻辑很简单：如果大家都没有钱买汽车，我的玻璃卖给谁？

正是在这简单的思维下，曹德旺一直坚持做慈善。目前，他的捐款数额已经高达数十亿元。但这并不是一下子捐出来的。曹德旺说："我现在还有大概4

亿股，近50亿钱在口袋里，但是这个钱不能捐了，因为我是企业家，要用来支持我发展，因为我的公司决策是需要股票来支持的，因为福耀集团几十万人，我有十几万股东，有一万多员工，上下供应链加起来我算过最少30万人跟我有关系，因此我把福耀搞好是我最高的追求。如果我全部捐了，企业就没办法发展，这个慈善也就是不可持续的。"

不是为了慈善而慈善，曹德旺这种理念得到很多人的赞许。尤其是在中国，由于贫富差别越来越大，仇富情结之下，许多人骂那些不做慈善，或者是慈善做得不够多的人为富不仁。他们不知道的是，其实企业家也有自己的另外一重责任，那就是对企业负责、对员工负责，如果不顾企业发展，将钱全部拿去做慈善，名声是有了，但最终收获的是什么？可能是企业破产，慈善再也做不动了。

陈光标面对的，就是这样的质疑。媒体采访时曾问他，你的财富从何来？陈光标的公司现在是国内最大的高科技环保拆除公司，也是国内唯一一家能把建筑垃圾二次利用的公司。但是，据媒体的报道，陈光标经营的江苏黄埔再生资源利用有限公司，自创立第二年以来便连续六年亏损，2009年，该公司总资产为1.05亿元，负债高达9969万元，负债率近95%。陈光标曾表示，因平时将70%的精力放在慈善方面，公司才陷入困境。"照现在的积蓄，还可维持2年。"

慈善家陈光标过得很快乐，但企业家陈光标却不怎么好过。据说，他95%以上的生意，都是二手或三手的，几乎都没有做过一手的。这是怎样一个概念？打个比方，100元的业务，可以赚10元，但做二手或三手，利润就只有5元甚至3元了。在2011年接受采访时，陈光标也透露，自己的企业已经三个月没有接到一单业务，大型设备闲置，4600多名员工也无事可做。

陈光标让人诟病的，还不只这些。带着现金到灾区派钱，与每一位灾民手举人民币合照，与陈列成金字塔般的人民币合影……对于自己捐出的每一分钱，陈光标似乎都会以各种各样的方式向社会大众展示，他曾毫不避讳地说："就是应该多炒作，让更多人来参与慈善。"

陈光标这种高调的行善作风，引起了很多人的不满，有人认为他的方式伤害了受赠者的尊严，是一种"暴力慈善"。

2011年年初，陈光标率领50余位大陆企业家赴台，捐出新台币近5亿元（人民币1.12亿元），在春节前为台湾低收入户及弱势群体送温暖。按照陈光标的意图，原本应该是将慰问金包装成红包，由贫困户排队上台领取，并鞠躬感谢。不过这一方式却遭到一些台湾民众的反对，有人称这样做是对受赠人的不尊重，希望善款由台湾的民间组织代为发放，保护受赠人的尊严，这一度引起一向高调的陈光标的不满。

对于"暴力慈善"这一说法，陈光标的态度非常明确，"中国就需要我这样的'暴力慈善'，来推动整个社会的慈善进步"。他认为，中国目前的慈善还处在摸着石头过河阶段，自己是发自内心地行善，高调做慈善不是为了宣传个人，自己从小就高调，做了好事不说出来，心里会憋得难受，"我只希望以后给历史、给儿孙留下'大好人'这仨字，就够了"。

也许，陈光标说的是实话。其实，陈光标代表的也是现在的一种慈善潮流，许多企业家喜欢利用慈善来做营销，提升企业的知名度和品牌形象。一些官方的慈善机构，也喜欢以此来作秀。很难说，这是好是坏，我的建议是，大家最好用一种包容的眼光来看待。以陈光标为例，虽然他的行善方式令很多人都感到不满，但有一点不可否认的是，他到底是做了善事，也实实在在地让许多需要帮助的人得到了帮助，从这个角度而言，我们也应该为他鼓掌。如果我们天天谴责他，哪一天他真的不再做慈善了，受害的是需要帮助的人。

中国人做善事的传统非常悠久，但是在现代社会，如何以更好的方式去继承和发扬这个传统，中国人还要补很多课。从另一个角度而言，"陈光标式"的慈善以及社会上对其的口诛笔伐，侮辱谩骂，其实也是中国人的慈善文化不够发达的表现。

对于陈光标来说，他需要学习的，一方面可能是如何在做慈善的同时，兼顾企业发展，因为行善本是好事，也是企业家拥有社会责任感的一种体现，但如果为了慈善而慈善，使得企业无法继续发展，这对员工、对社会，反而是不负责任的。在这方面，曹德旺其实已经树立了榜样。

另一方面，也是更重要的一方面，就是如何顾及受助者的心理和尊严，常言道，赠人玫瑰，手有余香，这是从帮助别人的角度出发的，如果站在受助者一方，他们何尝不希望，接人玫瑰，心中同样是芳香的呢？

推己及人，这些道理其实并不复杂，我们从做慈善中得到的快乐，不也正是如此吗？

11

男足为何不如女排

在 2011 年的女排世界杯上，中国女排直落三局横扫最后一个对手德国队，获得世界杯第三名，并且在第一时间获得伦敦奥运会的入场券。而在这之前的 2014 年巴西世界杯亚洲区预选赛上，中国男足又一次出局，无缘世界杯。

在中国体育界，女强男弱的例子比比皆是。女排比男排强，女足比男足强，女子网球比男子网球强……2011 年李娜在网球界四大公开赛之一法国网球公开赛中获得冠军，创造了亚洲人夺冠的历史，郑洁、晏紫在 2006 年的澳大利亚网球公开赛、温布尔登网球公开赛两度收获女双冠军，而男子网球选手，能叫出名字的都很少。

体育界的男弱女强，我认为与社会重男轻女，对男宝宝过分宠爱有一定关系。举一个例子，两个老人带着一男一女两个小孩在路上，突遇一条狗迎面而来。他们迅速围过去保护男孩，并说"别怕，别怕"。小女孩却被忽视在一旁，吓得发抖。奶奶过来斥道："怕什么，连狗都怕，长大能做什么！"重男轻女的国风，使中国女孩更坚强，更有耐性也更能承担。

重男轻女的思想在中国可谓是根深蒂固，尽管在一些大城市，随着大家知识文化水平的提高，这种思想出现了一些变化，但是整体而言，男孩子得到的重视还是比女孩子多，很多家庭还是期盼能有个男孩。现在城市里的家庭基本上都是独生子女，而重男轻女的观念会导致父母过分宠爱和保护男孩子，这对男孩子的成长其实是有一些负面影响的。

曾在媒体上看过这样一个案例，15岁的小崔是家中独子，一直是个乖乖男，中考结束时的那个假期，他爸爸给他布置了一项特殊任务——每天上午跟家教待在一起，学习、聊天。小崔的爸爸说："孩子这么大了，说话还扭扭捏捏，跟个女孩一样，以前都点名要女家教，这次我硬是给他找了个男孩，得带他回到男孩子应有的样子。"

小崔所在的街道办心理站的站长也发现了类似的问题，她认为现在的男孩真是越来越不像男子汉，而且跟女孩子比起来，好多方面都比不过。高考的时候，他们街道有10人考上清华、北大，全是女孩子，评上5个预备党员，也全是女孩子。她觉得这很不正常。

现在社会上出现了"男孩危机"这种说法，指男生在各级各类教育中的学习成绩正在渐渐落后于女生。一份调查报告表明："男孩危机"不只表现在学业上，而且体质、心理及社会适应能力等各个方面都面临更多的"麻烦"。不难发现，在学校里，女孩子比男孩子强的现象越来越明显，高考状元也出现女多男少的情况，"中国高考状元调查报告"显示，最近10多年，高考状元"女升男降"的趋势也很明显。高考女状元比例逐年上升，已从1999年的34.78%上升至2008年的60.00%，上升近一倍。预计未来，这种女多男少的趋势还将继续发展下去。

不仅在校园内，在职场，一些用人单位也觉得女性职员的应聘和工作表现比男性职员要好一些，因此女性应聘者的就业率更高一些，这也导致有些单位出现男女比例失调。为了改善这一状况，有些用人单位会适当降低对男性应聘者的要求，只为招到更多的男性。

以前有全女生的女子学校，现在，为了缓解"男孩危机"，改变男孩的教育环境，"男子学校"也出现了。华东师范大学就与上海黄浦区签订了教育战略合作框架协议，拟建"男子中学"。据说，课程设置方案已基本完成，正在接受教育主管部门审批。

设立"男子中学"，能否解决"男孩危机"，这种做法的可行性有待研究。我认为，男性之所以比女性弱，最根本还是人们的观念问题，过分地宠爱和保护男孩，娇生惯养，使得现在的男孩子比以前的男孩子缺少更多锻炼自身品格和培养自身素质的机会，久而久之，性格中的阳刚之气就有所削弱。

重男轻女的父母们本想给男孩子更多的爱、更好的保护，却没有想到过多的养分反而会加速温室花朵的衰败。

古人云：唯女人与小人难养也。

其实这是过去式，

现今的情形是，

很多男人都是女人在养着，

女人是现今家庭的顶梁柱。

12

宜居的环境哪去了

有一次我到无锡出差，准备回来的时候，刚好遇到空军演习，飞机要推迟一个半小时起飞。我当时真想早点回家，一方面是因为想女儿；另一方面是感觉无锡空气太脏了，完全罩在浓浓的灰霾中。经济发展的结果最后让生活环境变得如此不宜居，还不如回到从前。

2011 年，英国经济学家信息社公布了全球最适合居住城市报告，澳大利亚第二大城市墨尔本击败常胜冠军加拿大温哥华市，成为全球最适合人居住的城市。这份榜单评估了全球 140 个城市，不出意外，在榜单上的前十名是看不到中国城市的名字的。在上榜的中国城市中，香港最靠前，排第 31 位，台北排第 61 位，其余 8 个是内地城市，排名分别为：北京第 72 位，苏州第 73 位，天津第 74 位，上海第 79 位，深圳第 82 位，大连第 85 位，广州第 89 位，青岛第 98 位。

英国经济学家信息社指出，这个榜单主要是按照治安、基础建设、医疗水平、文化与环境及教育等 30 多项指标进行评估。从榜单上的排名可以发现，中国内地的城市排名基本都靠后。当然，像这类评估宜居城市的榜单有很多，每一个都有不同的标准，但必须承认的是，在中国，宜居的城市真的是越来越少了。

为什么中国缺少宜居城市？一个城市是否宜居，不仅要看城市的自然环境、生活环境如何，还要看这个城市的文化是否宜人，要看这个城市的居民的整体素质，就如榜单所凭据的 30 多项指标，甚至更多。这些指标听起来可能大而空，和我们普通人的生活离得有点远。其实，宜居不宜居的评价标准可以很简单，那就是——看人们生活在这个城市里是否开心，身心是否都健康。

　　住房与城乡建设部政策法规司副司长徐宗威认为，我国没有宜居城市，其理由是交通问题、环境质量不尽如人意，人际交流淡薄，人和自然关系疏远等，特别是建筑密度和容积率太高影响了宜居的实现，老百姓"眼看城市的楼房一天比一天高，高架道路一天比一天多，心中的失望却日复一日地加重"。

　　生活中，经常听到身边的人把"郁闷"二字挂在嘴边，想来也不是没原因的。举一个简单的例子，有一次我带女儿去公园玩，到了之后可真是后悔，发誓下次不再去了。为什么呢？走进公园，放眼望去，不是美好的景色，而是满地的垃圾，尿味冲天，这简直就是个学习破坏文明素质的场所。

　　我们看一个人，主要看细节，从细节中总能反映出这个人的素质，看这些被扔得满地都是的垃圾，不难想象它们的"主人"的素质如何。同样的，看这个小小的公园，糟糕的环境，说明没有人在管理，或者管理根本不到位，那么这个城市的素质到底是什么层次也就不言而喻了。

　　看榜单中前十位的宜居城市，澳大利亚墨尔本，奥利地维也纳，加拿大温哥华、多伦多等，且不对比城市人口密度、经济条件等问题，这些靠前的城市的共同点之一是在环境保护方面做得比较好。而我认为，环境保护并不单单是指政府的作为，个人的环保意识和习惯往往反映了一个城市是否真正爱护环境。

　　在榜单上，亚洲城市中最宜居的是日本的大阪，在环境保护方面，日本确实有很多值得我们学习的地方。说一个小细节，在日本，垃圾是必须分类处理的，这不是指垃圾场在处理垃圾时必须这样做，而是每一个日本市民，在将自家的垃圾放到门口等垃圾车来收之前，都会用透明的塑料袋将垃圾分类，这是为了方便垃圾的回收和处理。而看看我们身边，这几年公共场所中的分类垃圾桶是增加了不少，但每个人都可以问问自己，在扔垃圾前，有想过要分类吗？知道怎么分类吗？我想，百分之九十的人是没有考虑过这个问题的，所谓分类垃圾桶在他们眼里就是一个普通的垃圾桶。

　　而为什么在我们身边，总有人爱乱扔垃圾，总有人爱随地吐痰，总有人爱插队？我觉得归根结底还是素质的问题。

要建设真正宜居的城市，就要提高民众的素质，这不仅需要个人的自觉，同样需要政府的带动。我们知道，中国每一年都有创建文明城市的活动，但是在"创文"的过程中，有很多城市只是把眼光放在那些硬邦邦的数字上，多栽了几棵树，多种了一些花，多设置了几个垃圾桶……或是做一些表面功夫，找一些志愿者在马路上指挥交通。但是，"创文"活动结束后，树还在，花也在，但是已经无人打理，交通恢复了拥堵，试问这样的"创文"有何意义呢？我认为，创建文明城市，打造宜居的环境，首先应该提高民众的素质，让"文明"二字真正长在每个人的心里，排队是自觉的，等候绿灯是自觉的，垃圾分类是自觉的……当然这是一个长期的过程，不是随便贴几张海报、播几个视频就能马上奏效的。

我们常说，人的习惯决定人的性格，城市是由人组成的，所以道理是相同的，城市里的人拥有什么样的习惯，这个城市就拥有什么样的习惯。当我们抱怨没有宜居的环境时，我们都应该反思自己的行为习惯是否文明，是否让这个城市变得宜居。

从公园回来的路上，我强烈地意识到，要继续好好地教育女儿，让她从小就懂得自己和自己所处的环境的关系，为建设一个宜居的城市作出自己的贡献。

13

这个社会，为何人人都爱"装"

不知从何时开始，这个社会，变得人人都爱"装"。年轻人装成熟，年纪大的装嫩，没钱人装有钱，没文化的装得很有文化，好像一天不装，就活不下去一样。

有一个笑话大家可能听过。在北京，有一个修单车的人想找个地方摆摊修自行车谋生，他糊里糊涂地就选在了宋庄。宋庄是一个做艺术的地方，因有大批前卫艺术家的落户而闻名。让这个人没想到的是，每天出摊都能吸引来一批围观者端详、拍照。那人说，围观的洋人问得最多的一个问题是：你想表现的是什么？久而久之，修车的人成为了行为艺术家。

爱"装"的人我也见过不少，每次坐飞机总能撞见一些"奇人奇事"。有一次刚搭上去上海的飞机，全机的人等一位迟到的乘客等了 10 多分钟，实际上我看见这个人刚刚在头等舱候机厅吃东西。

还有一次去北京，在头等舱口排队等待登机时，一位服务员突然带一个人过来，要大家让开，让那个人排前面。我真是不懂，这些人，都坐头等舱了，还要装，装给谁看？！

现在国内有很多综艺节目，选秀节目、职场节目中会请来一些评委或嘉宾，这些评委，很多都号称是专业人士，但是有时候他们的专业看上去就像是"装"出来的。梁文道曾在《锵锵三人行》里说过，很多节目为了做出戏剧性的效果来吸引观众，会请来一些所谓毒舌评委刁难选手，但是这些评委的专业底子都不够厚，提出的问题和他们的表情根本是在装模作样。

但是他说看英国类似节目时，那些评委表情冷酷，问题刁钻，而且你会觉得那些刁难没有做出"我就来为难你"的样子，而是一副"扑克脸"，问的问题真的是击中要害的。这背后考验的，就是料有多少，底有多厚。

在我们这，一些明星，除了长着一张明星脸外，其他似乎什么也没有，但还爱不懂装懂，装得很有文化。举几个例子，范冰冰曾在宣传新片时抛出"若在抗战时期，自己一定会当刘胡兰保家卫国"的豪言壮语，不想引来网友的强烈反驳，因为刘胡兰是在 1947 年就义的，当时军阀阎锡山所在部队发动袭击，刘胡兰被捕后就义。而歌星李玟听了《满江红》之后，对歌词大加赞赏，还说要邀请岳飞为她作词。

至于那些在公开场合闹读错汉字笑话的明星，就更是举不胜举了。明星们这些不懂装懂的行为，看了真叫人哭笑不得。有些明星出道早，没有接受过比较系统的教育，对很多知识都很缺乏，这也能理解。但是不懂是一回事，不懂了自己不补课，还要装懂，这就不能怪别人苛责了。

我经常跟年轻人说，人要活得真实，否则就会很累。孔雀开屏时大家都认为好看，以为孔雀是在炫耀自己的美丽，但事实上孔雀是因为发情才开屏，不开屏时才是真实的常态。如今很多人在装着过日子，天天撑着像孔雀发情一样。比如说我有一个朋友，去了北京不到一年，就犯上了有些北京人那装腔作势的态，说着半像不像的京腔，看谁都是农民的样子，真让人讨厌。

就在我写此文时，看到了一则新闻。2012 年 8 月 26 日，陕西延安发生死亡36 人的特大车祸，事后，陕西安监局局长杨达才到现场视察，其在事故现场微笑的照片被传上了网，网友们随后发现，这位"微笑哥"戴的表价格不菲，继续"人肉"下，网友们惊奇地发现，这位官员在不同场合戴的表都不一样，而且，这些表价格少则两三万元，多则几十万元。

以杨的正常收入，哪里戴得起这么多名贵的表？在网友们的持续质疑中，陕西纪委开始介入调查，并表示，如果杨真有违纪或腐败问题，将依照有关规定严肃处理。

其实，杨的事情，并非个例。现时许多腐败官员，就是在大庭广众之下尽享腐败的"成果"。这些人戴名表、穿名牌、住豪宅、开豪车、游列国、搂靓妞……一切所为并不避人。从这些官员的一张一扬里、所显所摆中，都极易得到官员腐败丑闻的线索。这也算是反腐的一大奇迹。

回到我们的问题：为什么大家都爱"装"，都爱戴着面具，过着不真实的生活呢？我想，爱"装"的人很多都是自卑的，他装什么其实是在暴露他缺少什么。装嫩的人是因为自己已经不再年轻；装有文化的人缺少的正是文化知识；装有钱摆架子的人最想引起别人注意，说明他其实受到的关注很少，爱面子，好虚荣。换句话说，越是自卑的人就越敏感，越爱装，无时无刻不戴着面具保护自己，又在显示自己。

其实这些人真愚蠢，他越是刻意，就越明显，明眼人一下子就能戳穿他。只不过为了照顾他那一点可怜的面子，不说罢了。

所以，我还是要奉劝大家一句：不要装，装着过日子太辛苦了，做真实的自己，过真实的生活，这样你会收获很多的快乐。

很多时候，
人人都在假装，
外行评判内行；
真相被假象包装，
实际都在搞暗箱。

14

中国人何时才能不崇洋媚外

最近，有几则关于老外在中国一些不当行为的视频在网上被频繁转发，一是一个英国男子在北京街头猥亵女孩；一是一名俄籍老外在火车上野蛮地辱骂中国女乘客；还有一个，是两名疑似韩国男子在肯德基滋事，殴打中国女孩。很多网友对他们的行为进行了强烈的斥责，同时也认为是中国人的崇洋媚外心态助长了这些外国人的嚣张气焰。

有网友说，我们得转换心态，不能老是认为外国人有多牛多高贵。这位网友还讲述了自己的遭遇。有一次，他在西安进火车站过安检，前面有两个老外，安检员根本不检，但轮到他时，安检员就让他停下来。他怒问："怎么不检查前面的外国人，是不是外国人就不用检查？"负责安检的女人竟然回答说："是的。"当时，把他给气坏了：不知道谁定的规定，搞得我们国人倒是低人一等了？

不得不说，部分中国人的崇洋媚外心态和举动实在让人感到愤怒和无奈。2011年7月，媒体曝光了达芬奇家具的造假事件，此事闹得沸沸扬扬。如果撇开负面的东西不谈，这事其实可以说明两个问题：一是中国能造出世界上顶级的产品；二是中国虽有这样的制造能力，却连取个中文名字都不敢，这不知道是谁的悲哀？

中国人素来就自己看不上自己。到欧美去一趟，回来尽说欧美这里好、那里好，竭尽全力抬高他们，以显摆自己的见识。有钱人爱到欧洲炫富，抢购名牌，每年一到旺季，在法国巴黎老佛爷购物中心，就会有很多中国人排着长队，等着入店抢购。其实像欧美这些西方国家也并不是真的像天堂般什么都好，他们的社会中也存在各种各样的问题。

英国媒体曾报道过，一个名叫奥利弗的 14 岁英国男孩，上学途中在轻轨站晕倒，倒卧在月台上达 10 分钟之久。当时正值上班高峰时段，轻轨站内数百名上班族从他的身边匆匆经过，没有一人施以援手。奥利弗的遭遇曝光后，英国舆论哗然。这就有如中国佛山的"小悦悦事件"一样，欧洲也同样有人心冷漠、道德缺失的问题。

再比如，2011 年闹得沸沸扬扬的英国《世界新闻报》的窃听丑闻等，其实也在告诉我们，西方国家的失德行为一点也不比我们少。

2011 年，在欧洲一些国家爆发大肠杆菌疫情，造成了多人死亡和感染，并蔓延至北美等地，这同样是食品安全问题导致的。那些盲目认为西方的食品就是安全的中国人或许应该重新审思一下自己的观点。

再举一例，2012 年 5 月，浙江省工商局发布了一份对杭州、宁波、温州三地市场上销售的进口服装进行抽检的质量监测报告。报告显示，此次抽检进口韩国服装 34 批次，其中不合格 17 批次，批次合格率仅为 50%，个别品牌服装甚至被检出致癌物，超出国家标准允许范围近 30 倍，其中还不乏大品牌。这些事件一定使经常嘲笑中国人的那些人感到尴尬了吧！

就在我写到这里的时候，2012 年伦敦奥运会发生了丑陋的一幕：东道主英国选手戴利在跳水比赛中以受闪光灯干扰为由，申请重跳并如愿获得高分，最终获得铜牌。

推倒重来——这在奥运跳水史上是破天荒的事情。得了便宜的戴利事后还这样卖乖解释："我本来以为闪光灯能够停下来，不过一直没有，这些灯光让我在做动作时几乎失去了方向感，我想等到我跳时，闪光灯应该会停下来。但是当我起跳时甚至看不清方向。本来主场的优势因观众太热情反而成了劣势。过去几年，我学会的就是努力争取在公平的环境下比赛。"

央视跳水解说嘉宾胡佳表示："这个是主场的原因，才会给他重跳的机会。

现场其实没有任何影响的，其他运动员也一样。"赛后，胡佳更新自己微博时，用了"像游戏存档"来形容戴利的行为。曾经的跳台冠军田亮则在微博上表示："从戴利重跳开始，这场比赛就意味着是一场具有伦敦特色的奥运比赛（不公平）。不打分的裁判用这种方式在帮忙，打分的裁判脑子里却有这么个信念：谁拿都可以，就不能给中国。很遗憾，他们做到了。"

这件事情让奥运会变得不干净，也给那些崇洋媚外、总在称赞西方体制优越性的中国人以狠狠一巴掌。

我在《再给中国二十年》一书中也说过，西方是铁定要衰败的。他们数百年统治世界的要素正在失去：西方各国相互竞争——竞争使他们更有狼性，但现在这种竞争意识和环境正在消失；法治——法治使竞争更加规范，但现在被群体自私性取代；梦想——已经变态的福利制度，让西方人的梦想破灭；资本主义——资本主义正在扼杀西方人的实业创新力和创造力。

其实欧洲人都不太了解中国，却尽说中国丑陋的一面。欧洲人现在看中国人是很纠结的。他们一方面讨厌中国人，不愿意接受中国的迅猛发展。欧洲媒体尽力报道中国落后、丑陋的一面，正面的东西根本看不见，大多数欧洲人都不知道中国的城市建设已大大超过欧洲，也不知道中国的人文之深之美远超欧洲，地理之美欧美更是望尘莫及（光一个九寨沟就足矣，欧洲根本找不到）。但另一方面，他们又极想同中国人做生意，从中国赚钱。能不纠结吗？

其实，外国人来到中国都有点装，都爱居高临下。举个小例子，欧洲人到中国吃饭，听到我们介绍内脏菜的时候，都作恶心状。那我要问，法国鹅肝是不是内脏？欧洲人不是同样当作美食？

我的两位东莞的企业家好友，都有多次出国的经历，上个月，他们申请去新加坡被拒签，他们大骂，发誓永远不去新加坡了。我就在想，中国人出国，都必须诚惶诚恐地去接受去往国领事人员像审小偷一样的审查，这种羞辱何时到头？其实中国沿海的生活水平已超欧洲及东南亚国家，我们是否被歧视惯了？既然外国人总在挑我们的刺，看不起我们，我们更应该改变崇洋媚外的心态，尽快提升自己的软实力！

有一次，我和员工在成都宽窄巷子吃火锅、听川剧、看变脸，有那么一刻，我突然想，四川真美，中国真美！不久前央视播出的纪录片《舌尖上的中国》在网络上受到网友们的热捧，我看后也很受感动。就如很多网友说的那样，看了这部纪录片，不仅了解了中国的美食文化，其中蕴藏的人文之美和丰富的民族文化更是让每一个华夏儿女都深以为豪。

其实在我们生活的这片土地上，有那么多优秀的文化和传统值得我们去挖掘和发扬——譬如中国人是非常具有家庭观念和责任感的，家庭和睦是快乐最大的源泉之一。几年前全球最大的研究、分析和咨询网络之一的 Kantar 公布了一项在全球 57 个国家开展的调查，结果显示，中国人的家庭观念排在第六位，远超欧美绝大多数国家。前五位分别是印度、巴西、肯尼亚、瑞典和俄罗斯。将近 84% 的印度人在接受该项调查时表示，和家人共度的时光是他们最喜欢的。在受调查的中国人中，63% 认为家庭认同自己生活过得好很重要。美国和德国的比例分别为 51% 和 33%。

尽管如此，还是有许多国人对此视而不见，一味宣扬美国人的独立意识。甚至因为中国的一些伤风败俗的个案，而妄下结论说中国人的家庭伦理"正在土崩瓦解"，等等。为什么我们对待别人的优点，总是把芝麻看成西瓜，而对待我们自己的缺点，则总是把跳蚤看成蚂蚱呢？

洋酒巨头帝亚吉欧，被允许控股水井坊，雀巢宣布控股徐福记，达芬奇等又在拼命宣扬洋品牌。

中国企业连取个中国名字都不敢，因为自己人看不上自己人。

国之命运，匹夫奈何！

附：大学毕业后拉开差距的原因

在现代社会，许多人的工作起点是从大学毕业后开始的，我无意中看到这篇文章，特别希望能与年轻人分享。希望大家好好地珍藏这篇文章，相信多年以后，再来看这篇文章，一定会有不同的感觉。

大学毕业后拉开差距的原因

——摘自林少波《毕业5年决定你的一生》，有部分修改。

一位知名的成功人士曾说过："我觉得有两种人不要跟别人争利益和价值回报。第一种人就是刚刚进入企业的人，头5年千万不要说你能不能多给我一点工资，最重要的是能在企业里学到什么，对发展是不是有利……"

人总是从平坦中获得的教益少，从磨难中获得的教益多；从平坦中获得的教益浅，从磨难中获得的教益深。一个人在年轻时经历磨难，如能正确视之，冲出黑暗，那就是一个值得敬慕的人。最要紧的是先练好内功，毕业后这5年就是练内功的最佳时期，练好内功，才有可能在未来攀得更高。

出路在哪里？出路在于思路！

其实，没有钱、没有经验、没有阅历、没有社会关系，这些都不可怕。没有钱，可以通过辛勤劳动去赚；没有经验，可以通过实践操作去总结；没有阅历，可以一步一步去积累；没有社会关系，可以一点一点去编织。但是，没有梦想、没有思路才是最可怕的，才让人感到恐惧，很想逃避！

人必须有一个正确的方向。无论你多么意气风发，无论你是多么足智多谋，无论你花费了多大的心血，如果没有一个明确的方向，就会过得很茫然，渐渐就丧失了斗志，忘却了最初的梦想，就会走上弯路甚至不归路，枉费了自己的聪明才智，误了自己的青春年华。

荷马史诗《奥德赛》中有一句至理名言："没有比漫无目的地徘徊更令人无法忍受的了。"毕业后这5年里的迷茫，会造成10年后的恐慌，20年后的挣扎，甚至一辈子的平庸。如果不能在毕业这5年尽快冲出困惑、走出迷雾，我们实在是无颜面对10年后、20年后的自己。

毕业这5年里，我们既有很多的不确定，也有很多的可能性。

毕业这5年里，我们既有很多的待定，也有很多的决定。

迷茫与困惑谁都会经历，恐惧与逃避谁都曾经有过，但不要把迷茫与困惑当作可以自我放弃、甘于平庸的借口，更不要成为自怨自艾、祭奠失意的苦酒。生命需要自己去承担，命运更需要自己去把握。在毕业这5年里，越早找到方向，越早走出困惑，就越容易在人生道路上取得成就、创造精彩。无头苍蝇找不到方向，才会四处碰壁；一个人找不到出路，才会迷茫、恐惧。

生活中，面对困境，我们常常会有走投无路的感觉。不要气馁，坚持下去，要相信年轻的人生没有绝路，困境在前方，希望在拐角。只要我们有了正确的思路，就一定能少走弯路，找到出路！

成功的人不是赢在起点，而是赢在转折点。

不少刚刚毕业的年轻人，总是奢望马上就能找到自己理想中的工作。然而，很多好工作是无法等来的，你必须选择一份工作作为历练。职业旅程中的第一份工作，无疑是踏入社会这所大学的起点。也许你找了一份差强人意的工作，那么从这里出发，好好地沉淀自己，从这份工作中汲取到有价值的营养，厚积薄发。千里之行，始于足下，只要出发，就有希望到达终点。

起点可以相同，但是选择了不同的拐点，终点就会大大不同！

毕业这几年，我们的生活、感情、职业等都存在很多不确定的因素，未来也充满了各种可能。这个时候，必须学会选择，懂得放弃，给自己一个明确的定位，使自己稳定下来。如果你不主动定位，就会被别人和社会"定型"！

可以这么说，一个人在毕业这5年培养起来的行为习惯，将决定他一生的高度。我们能否成功，在某种程度上取决于自己对自己的评价，这就是定位。你给自己定位是什么，你就是什么。定位能决定人生，定位能改变命运。丑小鸭变成白天鹅，只要一双翅膀；灰姑娘变成美公主，只要一双水晶鞋。

人的命，三分天注定，七分靠打拼，有梦就"会红"，爱拼才会赢。只要不把自己束缚在心灵的牢笼里，谁也束缚不了你去展翅高飞。

现实情况远非他们所想的那样。于是，当优越感逐渐转为失落感甚至挫败感时，当由坚信自己是一块"金子"到怀疑自己是一粒"沙子"时，愤怒、迷茫、自卑就开始与日俱增。

其实，应该仔细掂量一下自己，你是否真是金子？是真金，手中要有绝活，才能上要有过人之处才行。一句话：真金是要靠实力来证明的，只有先把自己的本领修炼好了，才有资格考虑伯乐的事情。

每颗珍珠原本都是一粒沙子，但并不是每一粒沙子都能成为一颗珍珠。

想要卓尔不群，就要有鹤立鸡群的资本。忍受不了打击和挫折，承受不住忽视和平淡，就很难达到辉煌。年轻人要想让自己得到重用，取得成功，就必须把自己从一粒沙子变成一颗价值连城的珍珠。

天有下雨与日出，人生高峰与低谷。

莫为浮云遮望眼，风物长宜放眼量。

只要拂去阴霾，就能亮出朗朗晴空。如果你在工作上有些不如意，要相信自己不会一直处于人生的低谷期，总有一天能冲破重重云层。告诉自己：我并没有失败，只是暂时没有成功！只要在内心点亮一盏希望之灯，一定能驱散黑暗中的阴霾，迎来光明。

的确，论资历，他们是不折不扣的职场菜鸟，业务涉及不深，人脉一穷二白，在工作中经常碰壁。他们的压力并不一定都像千钧大石，而是像大雨来临前的天色，灰色低沉，明明有空间，却被灰色填满每个缝隙，只能等待大雨倾盆之后的晴空。

"起得比鸡早，睡得比狗晚，干得比驴多，吃得比猪差"，这是很多刚刚毕业的人喜欢用来调侃自己生活状态的话。虽然有点儿夸张，但是，他们中的很多人的确一直都被灰色心情所笼罩——心里永远是多云转阴。记得有位哲人曾说："我们的痛苦不是问题本身带来的，而是我们对这些问题的看法产生的。"换个角度看人生，是一种突破、一种解脱、一种超越、一种高层次的淡泊与宁静，从而获得自由自在的快乐。

一位哲人说："人生就是一连串的抉择，每个人的前途与命运，完全把握在自己手中，只要努力，终会有成。"就业也好，择业也罢，创业亦如此，只要奋发努力，都会成功。你是不是准备把生命的承诺全部都交给别人？

毕业后这5年，是改变自己命运的黄金时期。在最能决定自己命运时，如果还不把握，那你还要等到什么时候呢？我的人生我做主，命运由己不由人。

不要活在别人的嘴里，不要活在别人的眼里，而是把命运握在自己手里。

别说你没有背景，自己就是最大的背景。美国作家杰克·凯鲁亚克说过一句话："我还年轻，我渴望上路。"在人生的旅途中，我们永远都是年轻人，每天都应该满怀渴望。每个人的潜能都是无限的，关键是要发现自己的潜能和正确认识自己的才能，并找到一个能充分发挥潜能的舞台，而不能只为舞台的不合适感到不快。要客观公正地看待自己的能力，结合自己的实际情况和爱好冷静选择，尽可能找到最需要自己、最适合自己的地方。

在人力资源管理界，特别流行一个说法，即"骑马，牵牛，赶猪，打狗"理论：人品很好，能力又很强的，是千里马，我们要骑着他；人品很好但能力普通的，是老黄牛，我们要牵着他；人品、能力皆普通的，就是"猪"，我们要赶走他；人品很差能力很强的，那是"狗"，我们要打击他。

我想，刚刚毕业几年的你，一样胸怀大志，一样想成为一匹被人赏识、驰骋沙场的千里马吧？那么，就好好沉淀下来。低就一层不等于低人一等，今日的俯低是为了明天的高就。所谓生命的价值，就是我们的存在对别人有价值。能被人利用是一件好事，无人问津才是真正的悲哀！

能干工作、干好工作是职场生存的基本保障。

任何人做工作的前提条件都是他的能力能够胜任这项工作。能干是合格员工最基本的标准，肯干则是一种态度。一个职位有很多人都能胜任，都有干好这份工作的基本能力，然而，能否把工作做得更好一些，就要看是否具有踏实肯干、苦于钻研的工作态度了。

在能干的基础上踏实肯干。

工作中，活干得比别人多，你觉得吃亏；钱拿得比别人少，你觉得吃亏；经常加班加点，你觉得吃亏……其实，没必要这样计较，吃亏不是灾难，不是失败，吃亏也是一种生活哲学。现在吃点儿小亏，为成功铺就道路，也许在未来的某个时刻，你的大福突然就来了。

能吃亏是做人的一种境界，是处世的一种睿智。

在工作中并不是多做事或多帮别人干点儿活就是吃亏。如果领导让你加加班、赶赶任务，别以为自己吃了大亏，反而应该感到庆幸，因为领导只叫了你，而没叫其他人，说明他信任你、赏识你。吃亏是一种贡献，你贡献得越多，得到的回报也就越多。乐于加班，就是这样的一种吃亏。

舍得舍得，有舍才有得；学会在适当时吃些亏的人绝对不是弱智，而是大智。

给别人留余地就是给自己留余地，予人方便就是予己方便，善待别人就是善待自己。

傻人有傻福，因为傻人没有心计。和这样的人在一起，身心放松，没有太多警惕，就能相互靠近。傻在很多时候意味着执著和忠贞，也意味着宽厚和诚实，让人不知不觉站到他一边。傻人无意中得到的，比聪明人费尽心机得到的还多。毕业这几年，你的天空中只飘着几片雪花，这样你就满足了吗？成功需要坚持与积累，与其专注于搜集雪花，不如省下力气去滚雪球。巴菲特说："人生就像滚雪球，最重要的是发现很湿的雪和很长的坡。"让自己沉淀下来，学着发现"很湿的雪"，努力寻找"很长的坡"。记住：散落的雪花会很快融化，化为乌有，只有雪球才更实在，才能长久。

在毕业这几年里，你要是能做到比别人多付出一分努力，就意味着比别人多积累一分资本，就比别人多一次成功的机会。

什么是职业化呢？职业化就是工作状态的标准化、规范化、制度化，即在合适的时间、合适的地点用合适的方式说合适的话，做合适的事，使知识、技能、观念、思维、态度、心理等符合职业规范和标准。在每个行业里，都有很多出色的人才，他们之所以能存在，是因为比别人更努力、更智慧、更成熟。但是，最重要的是，他们比一般人更加职业化！这就是为什么我现在能当你老板的原因。一个人仅仅专业化是不够的，只有职业化的人才能飞在别人前面，让人难以超越！不要以为我们现在已经生存得很安稳了。对于毕业5年的人来讲，一定要认清即将面临的五大挑战。

一、赡养父母。

二、结婚生子。

三、升职加薪。

四、工作压力。

五、生活质量。

有的人为生存而雀跃，目光总是停在身后，三天打鱼两天晒网，有始无终。

有的人为发展而奋斗，目光总是盯在正前方，每天进步一点点，坚持不懈。

毕业这几年，不能没有追求和探索，不能没有理想和目标。人生如逆水行舟，不进则退。甘于现状的生活就是不再前行的船，再也无法追上时代前进的步伐。一定要抓紧每一秒钟的时间来学习，要明白学习不是学生的专利。小聪明的人最得意的是自己做过什么，大智慧的人最渴望的是自己还要做什么。

小聪明是战术，大智慧是战略；小聪明看到的是芝麻，大智慧看到的是西瓜。

在这个世界上，既有大人物，也有小角色，大人物有大人物的活法，小人物有小人物的潇洒，每个人都有自己的生活方式，谁也勉强不了谁。但是，小聪明只能有小成绩和小视野，大智慧才能有大成就和大境界。小企业看老板，中企业看制度，大企业看文化。

小公司与大企业都有生存之道，没有好坏之分，但对一个人不同阶段的影响会不同。

小公司肯定想要发展为大企业，这是一种目标，年轻人也要给自己的职业生涯制定目标。毕业几年的你，是否经常会怯场或者是感到没有底气？居安思危、绝对不是危言耸听！此刻打盹，你将做梦；此刻学习，你将圆梦。在竞争激烈的人生战场上，打盹的都是输家！

每个人在年轻的时候似乎都豪情万丈，什么都不怕，可是随着年龄的增长，每天想着房子、工作、养家糊口这些俗事儿，再也没有年轻时那种敢于"上天探星、下海捞月"的勇气了。是我们改变了生活，还是生活改变了我们？我们的思想越来越复杂，因为有了越来越多的舍不得、越来越多的顾虑，我们总是在徘徊、总是在犹豫。毕业开始一两年，生活的重担会压得我们喘不过气来，挫折和障碍堵住四面八方的通口，我们往往在压迫得自己发挥出潜能后，才能杀出重围，找到出路。可是两三年后，身上的重担开始减轻，工作开始一帆风顺，我们就松懈了下来，渐渐忘记了潜在的危险。直到有一天危机突然降临，我们在手足无措中被击败……毕业这几年，仍然处于危险期，一定要有居安思危的意识，好好打拼，这样才能有一个真正的安全人生！

生于忧患，死于安乐。如果你想跨越自己目前的成就，就不能画地自限，而是要勇于接受挑战。对畏畏缩缩的人来说，真正的危险正在于不敢冒险！

年轻人在社会的重压下，适应能力已变得越来越强，只是他们不自觉地习惯被环境推着走。他们不敢冒险，怕给自己带来终身的遗憾，于是告慰自己："我对得起自己、对得起家人，因为我已竭尽全力。"其实，人只有不断挑战和突破才能逐渐成长。长期固守于已有的安全感中，就会像温水里的青蛙一样，最终失去跳跃的本能。

经历了这几年社会生活，你应该明白：这个世界上有富也有贫，有阴也有晴，有丑也有美，到底看到什么，取决于自己是积极还是消极。在年轻时学会勤勉地工作，用一种光明的思维对待生活，那么，只要张开手掌，你就会发现，里面有一片灿烂的人生。

把感恩刻在石头上，深深地感谢别人帮助过你，永远铭记，这是人生应有的一种境界；把仇恨写在沙滩上，淡淡忘掉别人伤害过你，学会宽容，让所有的怨恨随着潮水一去不复返，这也是一种人生境界。

学会倒出水，才能装下更多的水。从毕业那天开始，学会把每天都当成一个新的起点，每一次工作都从零开始。如果你懂得把"归零"当成一种生活的常态，当成一种优秀的延续，当成一种时刻要做的事情，那么，经过短短几年，你就可以完成自己职业生涯的正确规划与全面超越。

在职业起步的短短道路上，想要得到更好、更快、更有益的成长，就必须以归零思维来面对这个世界。不要以大学里的清高来标榜自己，不要觉得自己特别优秀，而是要把自己的姿态放下，把自己的身架放低，让自己沉淀下来，抱着学习的态度去适应环境、接受挑战。放下"身段"才能提高身价，暂时的俯低终会促成未来的高就。

年轻人从校园或者从一个环境进入另一个新环境，就要勇于将原来环境里熟悉、习惯、喜欢的东西放下，然后从零开始。我们想在职场上获得成功，首先就要培养适应力。从自然人转化为单位人是融入职场的基本条件。一个人起点低并不可怕，怕的是境界低。越计较自我，便越没有发展前景；相反，越是主动付出，那么他就越会快速发展。很多今天取得一定成就的人，在职业生涯的初期都是从零开始，把自己沉淀再沉淀、倒空再倒空、归零再归零，正因为这样，他们的人生才一路高歌，一路飞扬。

在毕业这几年里，我们要让过去归零，才不会成为职场上那只背着重壳爬行的蜗牛，才能像天空中的鸟儿那样轻盈地飞翔。请好好品味一下杰克·韦尔奇说过的一句话："纠正自己的行为，认清自己，从零开始，你将重新走上职场坦途。"吐故才能纳新，心静才能身凉，有舍才能有得，杯空才能水满，放下才能超越。

归零思维五大表现：心中无我，眼中无钱，念中无他，朝中无人，学无止境。

年轻人难免带着几分傲气，认为自己无所不能、所向披靡，其实不然，初入职场的新人还是个"婴儿"，正处在从爬到走的成长阶段。在毕业这几年里，一定要让自己逐步培养起学徒思维、海绵思维、空杯思维，具有这样思维的人心灵总是敞开的，能随时接受启示和一切能激发灵感的东西，他们时刻都能感受到成功女神的召唤。